# GenAI:
## 생성 인공지능의 이해와 활용

# GenAI : 생성 인공지능의 이해와 활용

발행일 2024년 5월 21일

지은이 김환 그린이 김린
펴낸이 손형국
펴낸곳 (주)북랩
편집인 선일영 편집 김은수, 배진용, 김현아, 김다빈, 김부경
디자인 이현수, 김민하, 임진형, 안유경 제작 박기성, 구성우, 이창영, 배상진
마케팅 김회란, 박진관
출판등록 2004. 12. 1(제2012-000051호)
주소 서울특별시 금천구 가산디지털 1로 168, 우림라이온스밸리 B동 B113~115호, C동 B101호
홈페이지 www.book.co.kr
전화번호 (02)2026-5777 팩스 (02)3159-9637

ISBN 979-11-7224-114-8 03560 (종이책) 979-11-7224-115-5 05560 (전자책)

미래 기술의 변화를
이끄는
생성 인공지능의 힘

김환
지음

# GenAI: 생성 인공지능의 이해와 활용

생성형 AI의 잠재력을 깨우고,
AI 기술과 함께 미래를 만들어가는
주인공이 되는 법!

북랩

## | 작가의 말 |

생성형 AI 기술은 최근 몇 년 사이 비약적인 발전을 이루었고, 이제 일반인들도 손쉽게 접하고 활용할 수 있는 단계에 이르렀습니다. 하지만 여전히 많은 분들이 생성형 AI가 무엇인지, 어떻게 활용할 수 있는지에 대해 낯설어 하시는 것 같습니다.

본 입문서는 일반 독자들이 생성형 AI의 세계에 흥미를 가지고 스스로 활용해 볼 수 있도록 돕는 것을 목표로 합니다. 따라서 전문적인 용어나 수식은 가급적 배제하고, 친절한 설명과 풍부한 사례 중심으로 내용을 구성하고자 합니다.

본 입문서가 생성형 AI에 관심 있는 분들에게 유익한 길라잡이가 되기를 기대합니다. 독자 여러분이 이 책을 통해 생성형 AI의 세계에 흥미를 느끼고, 직접 활용해 보는 즐거움을 누리시길 바랍니다. 아울러 책에서 다룬 내용을 바탕으로 생성형 AI 기술의 건전한 발전과 바람직한 활용 방안에 대해 함께 고민해 보는 계기가 되기를 희망합니다.

## 차례

# 서론

## 생성형 AI란 무엇인가?

생성형 AI란 무엇일까요? 한 마디로 정의하자면, '인공지능이 방대한 데이터를 학습하여 스스로 새로운 콘텐츠를 창작해 내는 기술'이라 할 수 있습니다. 이는 기존에 인간의 고유한 영역으로 여겨졌던 창조 행위에 AI가 뛰어든 것으로 볼 수 있습니다.

우리가 익히 알고 있는 AI는 주어진 데이터에서 유의미한 패턴을 찾아내어 이를 인식하고 판단하는 역할을 수행해 왔습니다. 얼굴이나 음성을 식별한다거나, 이상 징후를 포착해 내는 것이 전형적인 예시라고 할 수 있습니다. 하지만 생성형 AI는 여기에서 한 걸음 더 나아갑니다. 단순히 데이터를 분석하는 데 그치지 않고, 그로부터 완전히 새로운 무언가를 만들어낸다는 점에서 이전의 AI와는 근본적인 차이가 있다고 하겠습니다.

생성형 AI의 등장은 머신러닝, 특히 딥러닝 기술의 비약적인 발전에 힘입은 바 큽니다. 어마어마한 규모의 데이터를 학습한 AI

모델은 해당 도메인의 내재된 법칙과 패턴을 스스로 파악하고, 이를 토대로 전에 없던 새로운 콘텐츠를 생성해 내게 되었습니다. 이는 마치 인간이 누적된 경험과 학습을 바탕으로 창의력을 발휘하는 과정과도 유사하다고 볼 수 있습니다.

그렇다면 생성형 AI가 지닌 핵심적인 특징은 무엇일까요? 크게 세 가지 측면에서 살펴보고자 합니다.

우선 생성형 AI는 '확률적 생성 모델'에 기반하고 있습니다. 방대한 양의 데이터로 학습된 AI 모델은 그 데이터가 내포하고 있는 확률 분포를 추정하게 되는데, 이를 바탕으로 새로운 데이터를 확률적으로 샘플링하여 생성하게 됩니다. 따라서 생성된 결과물들은 학습 데이터의 전반적인 특성은 따르면서도, 개별적으로는 고유한 독창성과 다양성을 지니게 되는 것입니다.

두 번째로, 생성형 AI는 '연속적인 잠재 공간'에서 작동한다는 점을 들 수 있습니다. 과거의 규칙 기반 시스템들은 제한된 조합의 결과물만을 산출할 수 있었던 반면, 딥러닝 기반의 생성 모델들은 연속적인 잠재 공간을 학습함으로써 훨씬 더 부드럽고 자연스러운 변화를 구현해 낼 수 있게 되었습니다. 이는 마치 RGB 색상 공간에서 무한한 색채의 조합이 가능한 것과 같은 이치라고 하겠습니다.

마지막으로 생성형 AI는 '멀티모달 학습'이 가능하다는 특징이 있습니다. 전통적인 AI는 이미지, 텍스트, 음성 등 단일 양식의 데이터에 주로 특화되어 있었습니다. 그러나 최신 생성형 AI 모델들은 서로 다른 형식의 데이터를 통합적으로 학습할 수 있게 됨으로써, 더욱 창의적인 활용의 가능성을 열어주고 있습니다. 대표적으로 텍스트와 이미지를 연계하는 모델들의 등장으로, 텍스트 묘사로부터 그에 부합하는 이미지를 생성한다거나 반대로 이미지로부터 적절한 캡션을 생성하는 등의 혁신적인 응용이 가능해진 것입니다.

이렇듯 독특한 특성들을 지닌 생성형 AI는 예술, 디자인, 게임 등 창의 산업 분야는 물론, 교육, 마케팅, 헬스케어 등 사회 전반에 걸쳐 혁신을 불러일으킬 것으로 기대되고 있습니다. 몇 가지 흥미로운 사례를 살펴보겠습니다.

- 예술계에서는 AI 화가나 AI 작곡가의 등장으로 창작의 본질에 대한 근원적인 질문이 제기되고 있습니다.

- 게임 산업에서는 AI를 통해 무궁무진한 퀘스트와 스토리라인, 캐릭터를 제작할 수 있게 됨으로써, 한층 더 풍성하고 몰입감 넘치는 게임 경험을 선사할 수 있을 것으로 전망됩니다.

- 마케팅 영역에서는 AI가 생성한 개인화된 콘텐츠와 광고가 소비자들의 니즈를 정밀하게 파고들어, 구매 행동을 효과적으로 자극할 수 있을 것으로 예상됩니다.

- 의료 분야에서는 AI를 활용해 환자 개개인의 특성에 맞춰 최

적화된 치료 방안과 신약을 설계하고 제안하는 것이 가능해질 전망입니다.

하지만 이러한 생성형 AI의 발전이 가져올 사회적, 윤리적 쟁점 또한 결코 가볍지 않습니다. 가짜 정보의 범람이나 지식재산권 침해, 일자리 감소 등 다양한 우려가 제기되고 있는 것도 사실입니다. 다만 역사적으로 볼 때, 새로운 기술의 도입은 늘 광명과 어둠을 동시에 안고 왔던 것이 사실입니다. 중요한 것은 그 기술을 우리 사회가 어떻게 받아들이고 발전시켜 나가느냐 하는 문제일 것입니다.

분명 생성형 AI 기술은 인간의 창의성에 도전하는 혁신적인 도구로서, 우리의 삶에 전방위적 영향을 미칠 강력한 동인이 될 것입니다. 이 놀라운 기술을 인류 전체의 이익을 위해 어떻게 현명하게 활용할 것인가 하는 고민이 그 어느 때보다 중요한 시점입니다.

## 생성형 AI의 발전 역사와 현 위치

사실 생성형 AI의 역사를 거슬러 올라가 보면, 인공지능 연구의 초창기까지 그 뿌리를 찾을 수 있습니다. 1950년대 초반, 앨런 튜링(Alan Turing)은 기계도 인간처럼 사고하고 학습할 수 있을 것이라는 선구적인 아이디어를 제시했습니다. 비록 당시에는 기술적 한계로 인해 실현하기가 어려웠지만, 그의 통찰은 인공지능 발전의 핵심 동력으로 작용하였습니다.

이후 수십 년간 인공지능 연구는 규칙 기반 시스템과 전문가 시스템을 중심으로 꾸준히 진행되어 왔습니다. 하지만 이러한 접근 방식은 제한된 도메인 내에서만 작동할 수 있다는 근본적인 한계를 지니고 있었죠. 컴퓨터에 모든 규칙과 지식을 일일이 입력해 주어야 했기에, 복잡하고 역동적인 실세계 문제에 적용하기에는 역부족이었던 것입니다.

그러던 중 1980년대에 이르러 '연결주의(Connectionism)'라는 새로운 패러다임이 등장하게 됩니다. 인간의 뇌를 모방한 인공신경망 모델이 제안된 것입니다. 다수의 간단한 처리 유닛들을 복잡하게 연결함으로써 지능적 행동을 구현하고자 했던 이 접근법은, 기존의 규칙 기반 시스템과는 사뭇 다른 길을 제시하였습니다. 이는 훗날 생성형 AI의 핵심 기반이 될 딥러닝으로 이어지는 중요한 이정표였다고 할 수 있습니다.

1990년대 후반에서 2000년대 초반까지는 '통계적 기계학습'의 시대라고 볼 수 있을 것 같습니다. 방대한 데이터로부터 통계적 규칙성을 자동으로 학습하는 알고리즘들이 큰 주목을 받기 시작했습니다. 특히 서포트 벡터 머신(SVM), 랜덤 포레스트 등의 기법은 패턴 인식이나 데이터 마이닝 분야에서 두각을 나타냈습니다. 하지만 이들 역시 데이터의 복잡한 구조를 충분히 포착하지 못하고 피처 엔지니어링에 크게 의존한다는 한계를 드러내었습니다.

### 피처 엔지니어링(Feature Engineering)

피처 엔지니어링(Feature Engineering)은 기계 학습(Machine Learning) 모델의 성능을 향상시키기 위해 데이터의 특성(Feature)을 생성하거나 선택하는 과정을 말합니다. 주요 내용은 다음과 같습니다.

1. 도메인 지식 활용: 해당 분야에 대한 전문 지식을 바탕으로 데이터의 특성을 파악하고 새로운 피처를 생성합니다.
2. 파생 변수 생성: 기존 변수를 조합하거나 변형하여 새로운 피처를 만듭니다. 예를 들어, 날짜 데이터에서 요일, 월, 계절 등의 파생 변수를 생성할 수 있습니다.
3. 피처 선택: 모델 성능에 영향을 미치는 중요한 피처를 선별하고, 불필요한 피처는 제거합니다. 이를 통해 모델의 복잡도를 줄이고 과적합(Overfitting)을 방지할 수 있습니다.
4. 피처 스케일링: 피처 값의 범위를 일정한 수준으로 조정하여 모델 학습 속도를 향상시키고, 피처 간 중요도 차이를 줄입니다.
5. 피처 인코딩: 범주형 변수를 수치형으로 변환하는 과정입니다. 원-핫 인코딩(One-Hot Encoding), 레이블 인코딩(Label Encoding) 등의 기법이 사용됩니다.

피처 엔지니어링은 데이터 사이언티스트의 도메인 지식과 창의성이 요구되는 작업으로, 모델 성능 향상에 큰 영향을 미칩니다. 데이터의 특성을 잘 이해하고, 적절한 피처를 생성 및 선택하는 것이 중요합니다.

드디어 2010년대에 접어들면서 '딥러닝'이 인공지능의 새로운 지평을 열게 됩니다. 여러 층을 겹친 인공신경망을 활용해 데이터의 계층적 추상화를 학습함으로써, 이전까지는 불가능했던 고난도 인식 및 예측 문제를 해결할 수 있게 된 것입니다. 특히 이미지 분류, 음성 인식 등의 분야에서 딥러닝은 놀라운 성과를 보여주었습니다. 이러한 딥러닝의 성공은 생성형 AI 연구에도 결정적인 영감을 제공하였습니다.

생성형 AI의 진화에 있어 한 획을 그은 사건은 2014년, 이안 굿펠로우(Ian Goodfellow) 등이 '적대적 생성 신경망(GAN, Generative Adversarial Network)'을 제안한 것이었습니다. GAN은 서로 경쟁하는 두 개의 신경망, 즉 진짜 같은 데이터를 생성하는 '생성자(Generator)'와 진위를 판별하는 '판별자(Discriminator)'를 동시에 학습시킴으로써, 놀랄 만큼 사실적인 이미지와 데이터를 만들어낼 수 있음을 증명했죠. 이는 이전까지의 생성 모델과는 확연히 구분되는 혁신적인 접근이었으며, 이후 생성형 AI 연구의 근간을 이루는 토대가 되었습니다.

**ref.**

Goodfellow, I., Pouget-Abadie, J., Mirza, M., Xu, B., Warde-Farley, D., Ozair, S., Courville, A., & Bengio, Y. (2014, December). Generative adversarial networks. In Advances in neural information processing systems (pp. 2672-2680).

GAN의 성공에 고무된 연구자들은 다양한 후속 모델들을 쏟아내기 시작했습니다. CGAN, DCGAN, Pix2Pix 등 파생 모델들이 등장했고, 이를 활용한 이미지 변환, 초해상도, 스타일 변환 등의 기법이 개발되었죠. 또한 오토인코더(Autoencoder) 기반의 VAE(Variational Autoencoder)나 Flow 모델 등 다양한 접근법도 함께 발전을 거듭해 나갔습니다. 이 시기는 그야말로 생성형 AI 연구의 르네상스라 할 만했습니다.

한편, 자연어 처리 분야에서도 생성 모델의 발전이 두드러졌는데요. 2018년 OpenAI에서 발표한 GPT(Generative Pre-trained Transformer)는 대규모 텍스트 데이터를 사전 학습한 언어모델로서, 문맥을 이해하고 자연스러운 문장을 생성하는 놀라운 성능을 보여 주었습니다. 이후 GPT-2, GPT-3 등 더욱 강력한 모델들이 연이어 공개되면서, 자연어 생성 기술은 새로운 국면을 맞이하게 됩니다.

**ref.**

Radford, A., Wu, J., Child, R., Luan, D., Amodei, D., & Sutskever, I. (2018). Improving language understanding by generative pre-training. OpenAI Blog.

최근에는 이미지, 텍스트를 넘어 오디오, 비디오 등 멀티미디어 분야로 생성형 AI의 외연이 점차 확장되고 있는 추세입니다. WaveNet, Jukebox 등의 모델은 음성이나 음악을 고품질로 합성할 수 있게 되었고, 동영상 분야에서도 Vid2Vid, Few-Shot Vid-2Vid 등 다양한 생성 기법들이 개발되고 있습니다. 더 나아가 최근에는 이종 매체 간 전환, 즉 텍스트로 이미지를 생성한다거나 반대로 이미지에서 캡션을 생성하는 등의 멀티모달 생성 기술까지 발전을 거듭하고 있습니다.

이처럼 지난 수년간 생성형 AI는 괄목할 만한 진보를 이루어 왔습니다. 딥러닝의 발전에 힘입어 그 성능과 활용 범위를 극적으로 확장해 온 것입니다. GAN, GPT 등은 이미 하나의 표준으로 자리 잡았으며, 이를 기반으로 한 후속 연구도 활발히 진행되고 있는 상황입니다. 나아가 DALL-E, Midjourney, Stable Diffusion 등 최신 모델들은 일반인들도 쉽게 접하고 사용할 수 있을 정도로 대중화되는 단계에 이르렀습니다.

하지만 아직 생성형 AI 기술은 완전한 자율성을 획득했다고 보기는 어려울 것 같습니다. 결국 모델이 학습하는 것은 한정된 데이터일 수밖에 없기에 편향성의 문제에서 자유롭지 못하며, 장면의 인과관계나 상식 수준의 이해도 충분치 않은 것이 사실입니다. 창의성이나 추상적 사고 면에서도 인간을 온전히 따라잡았다고 말하긴 어려울 것 같습니다. 즉, 아직은 사람의 개입과 통제가 필요한 '도구'의 수준이라고 볼 수 있습니다.

그렇다고 생성형 AI의 가능성을 깎아내릴 순 없을 것 같습니다. 기술이 고도화되고 데이터가 풍부해질수록, 생성형 AI는 인간의 창조적 활동을 더욱 능동적으로 보완하고 확장해 나갈 수 있을 것입니다. 예술, 과학, 공학, 비즈니스 등 다방면에서 새로운 영감과 통찰을 제공하는 혁신의 원동력이 되리라 기대합니다. 더불어 우리 일상생활 속에서도 개인 맞춤형 콘텐츠 생성, 업무 자동화 등을 통해 삶의 편의성을 높이는 데 일조할 수 있을 것입니다.

물론 빛과 그림자는 언제나 함께하는 법입니다. 가짜 정보 유포, 저작권 침해, 일자리 대체 등 부작용에 대한 우려의 목소리 또한 높아지고 있는 게 사실입니다. 새로운 기술을 맞이하는 우리의 자세가 그 어느 때보다 중요한 시점이 아닐까 싶습니다. 섣부른 경계심이나 맹목적 신뢰 대신, 균형 잡힌 시각으로 생성형 AI의 사회적 영향을 면밀히 분석하고 대비책을 모색해 나가는 지혜가 필요할 것 같습니다.

긴 시간 동안 꿈꾸어 온 '창조하는 기계'가 마침내 우리 눈앞에 현실로 다가온 지금, 설렘과 두려움이 교차하는 것은 어쩌면 당연한 일일지도 모르겠습니다. 하지만 분명한 건 생성형 AI의 파도는 이미 거세게 밀려오고 있으며, 되돌리기는 어려울 거란 사실입니다. 우리에게 남은 일은 이 거대한 물결을 슬기롭게 헤쳐나가는 것입니다. 인간다움을 잃지 않으면서도 기술의 혜택을 누릴 수 있는 방향을 모색해야 할 때입니다.

## 생성형 AI가 가져올 사회적 변화와 우리의 대응

우리는 지금 생성형 AI라는 혁신적인 기술의 도래로 인해 사회 전반에 걸쳐 광범위한 변화의 조짐을 목도하고 있습니다. 마치 산업혁명이나 인터넷의 등장이 그러했듯, 생성형 AI 또한 우리의 일상과 업무수행 방식, 더 나아가 사회 구조와 가치관에 이르기까지 근본적인 변혁을 촉발할 것으로 예상됩니다. 이러한 대전환의 시대를 앞두고 우리는 과연 어떠한 자세로 이 새로운 기술을 맞이하고 준비해야 할까요?

무엇보다 생성형 AI는 그간 인간의 고유한 영역으로 여겨졌던 창의적 활동에 있어 일대 패러다임 시프트를 불러올 것입니다. 예술, 디자인, 문학 등 창작 분야에서 AI와의 협업이 새로운 표준으로 자리 잡게 될 것이며, 이는 곧 창의성의 개념 자체를 재정의하는 계기가 될 수 있을 것입니다. 또한 교육, 법률, 금융, 의료 등 전문 지식을 요하는 영역에서도 AI의 활약이 두드러질 것으로 보입니다. 방대한 데이터와 경험을 바탕으로 한 AI의 문제해결능력은 인간 전문가의 역량을 보완하고 강화하는 데 큰 도움이 될 수 있을 것입니다.

이처럼 생성형 AI의 잠재력은 가히 무궁무진하다고 할 수 있습니다. 그러나 이러한 변화가 가져올 부정적 영향에 대해서도 면밀히 고민하고 선제적으로 대응해 나가는 지혜가 요구됩니다. 기술에 내재된 편향성과 차별, 프라이버시와 보안의 위협, 책임 소재의 모호성 등은 반드시 짚고 넘어가야 할 문제들입니다. 또한 AI로 인한 일자리 대체와 경제적 불평등 심화는 개인의 삶은 물론 사회 전체의 지속가능성을 위협할 수도 있습니다. 이러한 도전 과제들을 외면하지 않고 선도적으로 해법을 모색해 나가는 자세가 그 어느 때보다도 중요해 보입니다.

변화의 소용돌이 속에서도 우리가 놓치지 말아야 할 것이 있습니다. 그것은 바로 '사람'입니다. 기술의 눈부신 발전에도 불구하고, 인간만이 지닌 고유한 가치와 역량이 있음을 잊어서는 안 될 것입니다. 공감, 윤리, 창의성, 상상력 등 인간 고유의 특성은 어떤 첨단 기술로도 완벽히 모사하기 어려운 것들입니다. 인간과 AI의 바람직한 관계는 상호 보완과 협력을 통해 시너지를 창출하는 것이어야 할 것입니다. 기술에 휘둘리기보다는, 기술을 어떻게 인간다운 삶을 위해 활용할 것인가를 고민해야 하는 시점입니다.

이를 위해서는 무엇보다 교육의 패러다임 전환이 시급해 보입니다. 단순 지식 습득이나 기능 훈련을 넘어, 인공지능 시대에 필요한 창의력, 비판적 사고력, 문제 해결력, 감성 역량 등을 키워나가는 교육이 요구됩니다. 아울러 AI 기술의 윤리적 활용과 사회적 영향에 대한 올바른 인식을 함양하는 디지털 리터러시 교육도 강화되어야 할 것입니다. 미래 세대가 기술의 주체적인 활용자로 성장할 수 있도록 우리 모두가 힘을 모아야 할 때입니다.

더불어 사회 시스템 전반에 걸친 혁신도 요청되는 시점입니다. 노동 시장의 유연성을 제고하고 직업 전환을 지원하는 고용 정책, 기술 발전의 과실이 사회 구성원 모두에게 돌아갈 수 있는 포용적 성장 전략, AI로 인한 위험과 피해를 최소화하기 위한 법·제도적 기반 등이 속히 마련되어야 할 것입니다. 기술 변화에 대한 우리 사회의 대응력과 회복력(Resilience)을 한층 강화해 나가는 지혜가 어느 때보다도 절실한 시점입니다.

우리는 지금 거대한 전환의 한가운데 서 있습니다. 생성형 AI의 등장은 이 시대 인류에게 주어진 기회이자 도전이라고 할 수 있을 것입니다. 눈앞의 편의나 이익에 안주하지 않고, 보다 장기적이고 전체적인 관점에서 지속 가능한 미래를 설계해 나가야 할 때입니다. 인간의 존엄성과 창의성을 존중하는 가운데 기술과 조화를 모색하고, 사회 전반의 혁신과 포용을 도모하는 지혜가 그 어느 때보다 절실히 요구되는 시점입니다.

하지만 분명한 사실은 우리에게 희망이 있다는 것입니다. 역사적으로 인류는 늘 새로운 기술의 도전을 슬기롭게 극복하고 보다 나은 문명을 일궈왔습니다. 우리에게는 기술을 인간다운 삶을 위해 활용할 수 있는 지혜와 능력이 있습니다. 지금이야말로 그 집단지성을 발휘해야 할 때입니다. 학계, 산업계, 정치권, 시민사회 등 다양한 영역의 전문가들과 구성원들이 서로 소통하고 협력하는 가운데, 생성형 AI 시대를 슬기롭게 헤쳐 나가기 위한 사회적 비전과 전략을 모색해야 할 것입니다.

# 1부

# 생성형 AI의 기초

해당 이미지는 Midjourney --v 6.0으로 제작하였습니다.

# 1장

# 인공지능과 머신러닝의 개요

해당 이미지는 Midjourney --v 6.0으로 제작하였습니다.

# 인공지능의 정의와 범위

인공지능(Artificial Intelligence, AI)은 현대 사회에서 가장 뜨거운 화두 중 하나입니다. 하지만 인공지능이 정확히 무엇인지, 그 범위가 어디까지인지에 대해서는 여전히 다양한 견해가 존재합니다. 인공지능의 개념과 외연을 명확히 이해하는 것은 생성형 AI를 비롯한 최신 기술 동향을 파악하고 그 영향을 전망하는 데 있어 출발점이 될 것입니다. 이 절에서는 인공지능의 정의와 범주, 발전 양상 등을 간략히 살펴보고자 합니다.

인공지능이란 무엇일까요? 인공지능에 대한 정의는 학자마다 조금씩 다르지만, 일반적으로는 "인간의 지능적인 행동을 모방하는 기계 또는 소프트웨어 시스템"을 의미합니다. 좀 더 세부적으로는 "컴퓨터가 학습, 추론, 문제 해결, 의사 결정 등 인간의 인지 능력을 흉내 내는 것"이라고 볼 수 있습니다. 즉, 인간처럼 사고하고 행동하는 기계를 만드는 것이 인공지능의 궁극적인 목표라고 할 수 있을 것입니다.

인공지능은 그 수준과 접근 방식에 따라 크게 '약한 인공지능

(Weak AI)'과 '강한 인공지능(Strong AI)'으로 구분됩니다. 약한 인공지능은 특정한 과업을 수행하기 위해 설계된 제한적인 형태의 AI를 말합니다. 예를 들어 바둑을 두거나 음성을 인식하는 등 정해진 영역 내에서 뛰어난 성능을 보이지만, 그 외의 일반적인 지적 능력은 갖추지 못한 시스템들이 이에 해당합니다. 반면 강한 인공지능은 스스로 사고하고 학습하며, 인간의 인지 능력 전반을 모사할 수 있는 보편적 지능을 지닌 AI를 의미합니다. 이는 아직 실현되지 않은 개념적 존재이지만, 현재의 인공지능 연구가 지향하는 궁극적인 지점이라고 볼 수 있습니다.

인공지능의 개념은 여러 하위 분야를 포괄하는 매우 광범위한 영역입니다. 전통적으로는 기호 논리학에 기반한 '규칙 기반 시스템'과 전문가의 지식을 코드화한 '전문가 시스템' 등이 인공지능의 주요 연구 분야였습니다. 하지만 최근에는 방대한 데이터로부터 규칙성과 패턴을 학습하는 '머신러닝'이 인공지능의 핵심 기술로 자리매김하였습니다. 특히 신경망(Neural Network) 구조를 활용한 '딥러닝'은 이미지, 음성, 자연어 등 복잡한 데이터를 다루는 데 있어 비약적인 성능 향상을 끌어내며 인공지능 발전을 주도하고 있습니다.

### 신경망(Neural Network)

신경망(Neural Network)은 인간 뇌의 작동 방식을 모방하여 개발된 인공지능의 한 분야로, 다수의 노드(또는 뉴런)들이 서로 연결되어 복잡한 연산을 수행할 수 있도록 설계된 컴퓨터 시스템입니다. 신경망은 입력 데이터로부터 복잡한 패턴을 인식하고 학습하는 능력을 갖추며, 이를 바탕으로 예측, 분류, 의사결정 등 다양한 작업을 수행할 수 있습니다.

#### 기본 구조

- 노드(뉴런): 신경망의 기본 단위로, 입력 신호를 받아 처리한 후 출력 신호를 생성합니다.
- 가중치(Weights): 입력 신호가 출력에 미치는 영향의 강도를 조절합니다. 학습 과정에서 최적화됩니다.
- 활성화 함수(Activation Function): 노드의 출력을 결정하는 함수로, 비선형성을 도입하여 신경망이 복잡한 문제를 해결할 수 있게 합니다.
- 층(Layer): 하나 이상의 노드가 모여 형성된 구조로, 신경망은 일반적으로 여러 층을 가집니다. 입력층, 은닉층, 출력층으로 구성됩니다.

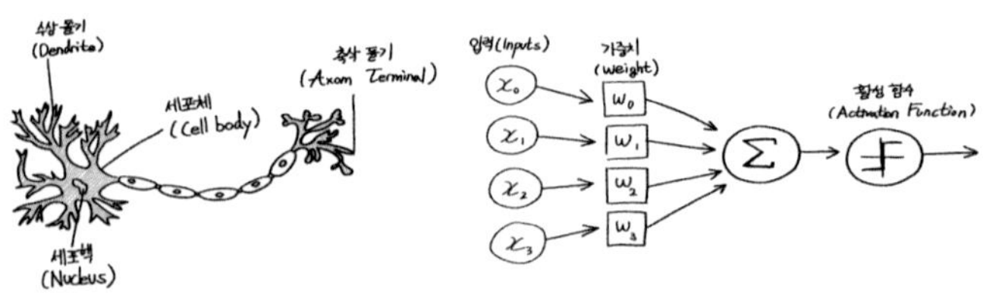


신경세포 ©Lynn Kim

인공지능의 적용 분야 또한 매우 광범위합니다. 의료, 금융, 제조, 교육, 예술 등 사회의 거의 모든 영역에서 인공지능 기술이 활용되고 있습니다. 자율주행차나 의료 진단 보조 시스템 같은 첨단 분야뿐만 아니라, 스마트폰의 음성인식이나 이메일 스팸 필터링 같은 일상의 영역에서도 인공지능은 이미 우리 곁에 깊숙이 자리 잡았습니다. 인공지능은 더 이상 먼 미래의 기술이 아닌, 현재 우리 삶의 일부로 확고히 자리매김한 것입니다.

그렇다면 생성형 AI는 인공지능의 스펙트럼 속에서 어떠한 위치를 차지하고 있을까요? 생성형 AI는 머신러닝, 특히 딥러닝 기술에 기반하여 새로운 콘텐츠를 창작해 내는 첨단 기술입니다. 방대한 데이터로부터 패턴과 규칙을 학습한 모델이 주어진 입력에 따라 이미지, 텍스트, 음성 등 다양한 형태의 콘텐츠를 생성해 내는 것입니다. 기존의 인공지능이 주로 인식, 분류, 예측 등의 과업을 수행했다면, 생성형 AI는 창작과 합성의 영역으로 그 외연을 획기적으로 확장시키고 있는 것입니다.

이처럼 인공지능은 우리의 인식 속에서, 그리고 기술의 진화 속에서 끊임없이 그 모습을 변화시켜 왔습니다. 초창기 사고하는 기계에 대한 막연한 상상에서 출발하여, 전문 영역 내에서 제한적인 문제를 다루는 수준을 거쳐, 이제는 인간의 고유한 영역으로 여겨졌던 창의적 활동마저 모사하는 지경에 이르렀습니다. 앞으로도 인공지능은 계속해서 진화하고 확장될 것입니다. 그 과정에서 우리는 인간과 기계의 경계, 자연 지능과 인공 지능의 차이에 대해 끊임없이 질문하고 모색하게 될 것입니다.

중요한 것은 이러한 변화의 소용돌이 속에서 인공지능 기술에 대한 우리의 이해와 통찰의 지평을 넓혀가는 것입니다. 단순히 기술적 성능에 매료되는 것이 아니라, 보다 근본적이고 본질적인 물음을 던지는 자세가 필요합니다. 인공지능의 철학적, 윤리적 함의는 무엇인지, 인간의 삶과 사회에 어떠한 변화를 불러올지 숙고해야 할 것입니다. 또한 기술이 아무리 발전한다 하더라도 인간 고유의 가치와 역할을 간과해서는 안 될 것입니다. 인공지능을 인간을 위해, 인간과 함께 사용할 수 있는 지혜가 우리 모두에게 필요한 때입니다.

# 머신러닝의 개념과 방법론

현대 인공지능을 이루는 핵심 요소는 '머신러닝(Machine Learning)'입니다. 머신러닝은 인공지능 시스템이 데이터로부터 스스로 학습하고 성능을 개선해 나가는 방법론이자 기술을 의미합니다. 생성형 AI를 비롯한 최신 인공지능 기술의 토대가 되는 머신러닝의 기본 개념과 주요 접근법에 대해 좀 더 깊이 있게 알아보도록 하겠습니다.

머신러닝은 어떻게 정의할 수 있을까요? 가장 널리 알려진 정의는 "명시적인 프로그래밍 없이 컴퓨터가 학습하는 능력을 갖추게 하는 연구 분야"라는 것입니다. 전통적인 프로그래밍에서는 입력과 출력의 관계를 사람이 직접 규칙화하여 코드로 명시해 주어야 했습니다. 반면 머신러닝에서는 대량의 데이터와 학습 알고리즘을 통해 컴퓨터 스스로 데이터의 패턴과 규칙을 찾아내고, 이를 기반으로 주어진 문제를 해결하게 됩니다. 즉, 데이터를 통해 경험을 쌓고 성능을 향상시켜 나가는 것이 머신러닝의 핵심 아이디어라고 할 수 있습니다.

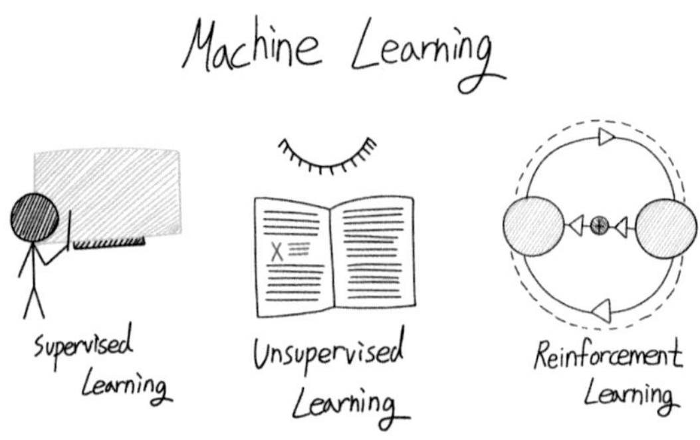


지도 학습, 비지도 학습, 강화학습 ©Lynn Kim

이러한 머신러닝은 학습 방식에 따라 크게 세 가지 유형으로 구분됩니다. 지도 학습(Supervised Learning), 비지도 학습(Unsupervised Learning), 그리고 강화 학습(Reinforcement Learning)이 바로 그것입니다. 각각의 학습 방식은 문제의 특성과 활용 가능한 데이터의 유형에 따라 선택적으로 사용됩니다. 하나씩 자세히 들여다보겠습니다.

첫 번째로 지도 학습은 레이블(정답)이 주어진 데이터를 사용하여 모델을 학습시키는 방식입니다. 알고리즘은 입력 데이터와 그에 해당하는 정답을 쌍으로 학습함으로써, 입력과 출력 간의 관계를 파악하게 됩니다. 이를 통해 모델은 새로운 입력 데이터에 대해서도 적절한 출력을 예측할 수 있게 됩니다. 지도 학습은 분류(Classification)와 회귀(Regression) 문제에 주로 사용되며, 이미지 분류, 스팸 메일 탐지, 주가 예측 등 다양한 분야에서 활용되고 있습니다.

두 번째로 비지도 학습은 레이블이 없는 데이터를 사용하여 데이터의 내재된 구조나 패턴을 발견하는 방식입니다. 알고리즘은 데이터의 특성을 분석하여 유사성, 차이점 등을 파악하고, 이를 기준으로 데이터를 그룹화하거나 차원을 축소하는 등의 작업을 수행합니다. 비지도 학습의 대표적인 예로는 군집화(Clustering), 차원 축소(Dimensionality Reduction), 이상치 탐지(Anomaly Detection) 등이 있습니다. 고객 세분화, 추천 시스템, 데이터 시각화 등의 분야에서 널리 활용되고 있습니다.

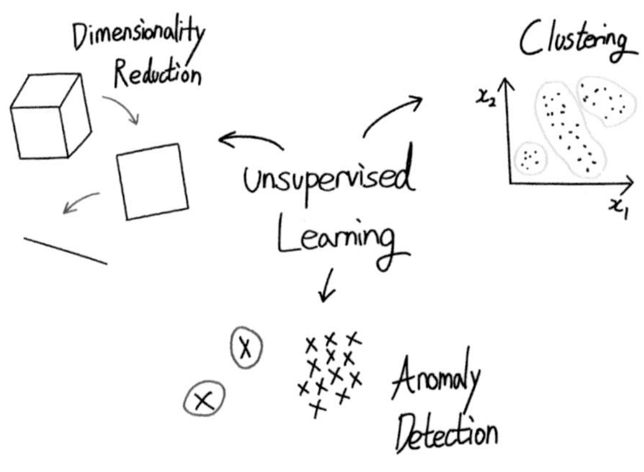


차원축소, 이상치 탐지, 군집화 ©Lynn Kim

세 번째로 강화 학습은 에이전트(Agent)가 환경과 상호작용하며 누적 보상을 최대화하는 방향으로 학습하는 방식입니다. 에이전트는 현재 상태를 관찰하고, 가능한 행동을 선택하여 실행합니다. 그 결과로 환경으로부터 보상을 받게 되고, 이를 통해 어떤 행동이 좋은 결과로 이어지는지 학습하게 됩니다. 이러한 과정을 반복하며 에이전트는 장기적인 보상을 최대화하는 최적의 전략을 습득하게 됩니다. 강화 학습은 게임 AI, 로봇 제어, 자율주행차 등의 분야에서 각광받고 있습니다.

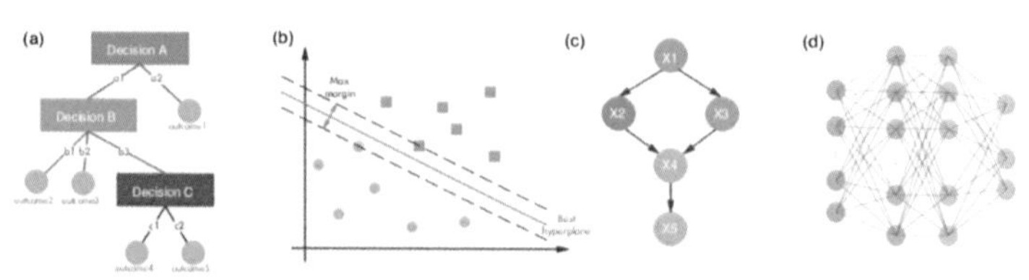


결정트리, SVM, 베이지안 네트워크, ANN의 예

머신러닝의 세부 기법 또한 매우 다양합니다. 결정 트리(Decision Tree), 서포트 벡터 머신(SVM), 베이지안 네트워크(Bayesian Network) 등 전통적인 머신러닝 알고리즘부터 인공신경망(Artificial Neural Network)에 기반한 딥러닝(Deep Learning)에 이르기까지, 각 기법들은 저마다의 특성과 장점을 가지고 있습니다. 특히 최근에는 딥러닝이 머신러닝의 주류로 자리 잡았는데, 이는 신경망의 깊이와 복잡도를 대폭 확장함으로써 이미지, 음성, 자연어 등 비정형 데이터를 다루는 데 있어 비약적인 성능 향상을 이끌어냈기 때문입니다.

이렇듯 머신러닝은 인공지능을 구현하기 위한 핵심적인 방법론이자 기술로 자리매김했습니다. 방대한 데이터로부터 가치 있는 정보를 추출하고, 복잡한 문제에 대한 해법을 도출하는 데 있어 머신러닝은 그 위력을 발휘하고 있습니다. 의료에서 금융, 제조에서 예술에 이르기까지 전방위로 활용되며 산업 전반의 지형을 바꾸어 놓고 있습니다. 최근 크게 주목받는 생성형 AI 역시 이러한 머신러닝, 특히 딥러닝 기술의 진보에 기반하고 있습니다.

하지만 머신러닝의 발전에는 함께 짚고 넘어가야 할 과제도 있습니다. 무엇보다 머신러닝 모델의 의사결정 과정이 블랙박스처럼 불투명하다는 점은 해석 가능성(Interpretability)과 책무성(Accountability) 측면에서 우려를 자아냅니다. 또한 학습에 사용된 데이터의 편향성이 모델에 그대로 반영될 수 있다는 점, 프라이버시 침해와 보안의 리스크 등도 간과할 수 없는 문제입니다. 기술의 발전만큼이나 이에 수반되는 사회적, 윤리적 과제에 대한 진지한 고민이 필요한 시점입니다.

## 딥러닝과 신경망의 기본 원리

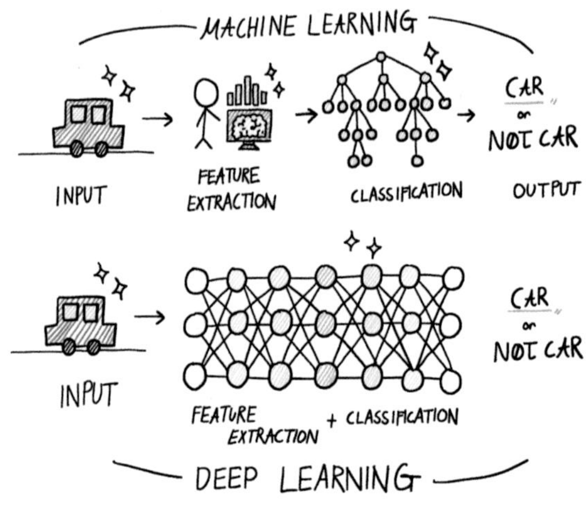


머신러닝과 딥러닝 ©Lynn Kim

지금까지 우리는 인공지능을 이루는 핵심 축 중 하나인 머신러닝에 대해 살펴보았습니다. 그런데 최근 인공지능 분야에서 가장 주목받는 키워드를 꼽으라면 단연 '딥러닝(Deep Learning)'일 것입니다. 딥러닝은 머신러닝의 한 분야로, 인공신경망(Artificial Neural Network)을 기반으로 한 기계학습 기법을 통칭합니다. 딥러닝이 등장하면서 이미지 인식, 음성 인식, 자연어 처리 등 다양한 영역에서 인공지능의 성능이 급격히 향상되었고, 생성형 AI의 발전에도 결정적인 기여를 했습니다. 이 절에서는 딥러닝의 근간이 되는 인공신경망의 기본 개념과 주요 아키텍처에 대해 알아보고, 이것이 어떻게 데이터의 복잡한 패턴을 학습하는지 그 원리를 깊이 있게 살펴보고자 합니다.

인공신경망은 그 이름에서 알 수 있듯이 인간의 뇌를 모사하여 설계된 기계학습 모델입니다. 뇌의 신경세포(뉴런)들이 복잡하게 연결되어 정보를 주고받으며 학습하는 것처럼, 인공신경망도 다수의 노드(Node)들이 층(Layer)을 이루며 연결된 구조를 가지고 있습니다. 각 노드는 입력 신호를 받아 가중치(Weight)를 적용하고, 활성화 함수(Activation Function)를 통해 출력 신호를 다음 층으로

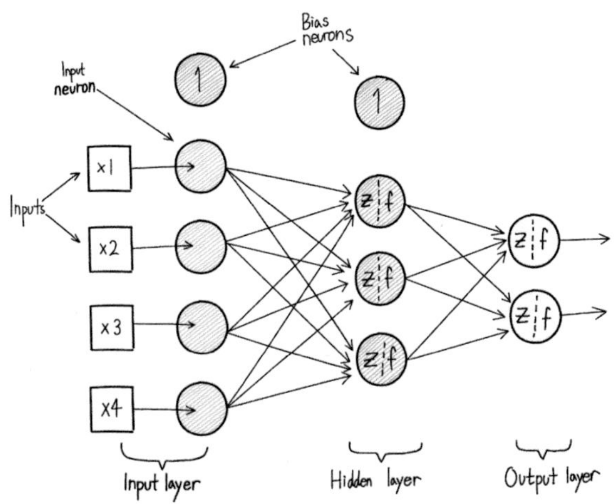


입력층, 은닉층, 출력층 ©Lynn Kim

전달하는 과정을 반복합니다. 이러한 신호의 전달과 변환이 여러 층에 걸쳐 이뤄지면서 점진적으로 데이터의 특징을 추출하고 학습하게 되는 것입니다.

인공신경망의 구조는 크게 입력층(Input Layer), 은닉층(Hidden Layer), 출력층(Output Layer)으로 나뉩니다. 입력층은 데이터의 특성을 입력받는 역할을 하고, 은닉층은 입력된 데이터에 대한 특징 추출과 변환을 수행합니다. 출력층은 최종적인 결괏값을 도출하는 층이라고 할 수 있습니다. 전통적인 신경망 모델들은 입력층과 출력층 사이에 은닉층을 한 개 또는 두 개 정도 포함하는 얕은(Shallow) 구조를 가지고 있었습니다. 반면 딥러닝은 그 이름에서 알 수 있듯 다수의 은닉층을 쌓아 올려 깊은(Deep) 신경망 구조를 만드는 것을 특징으로 합니다.

그렇다면 신경망은 어떻게 학습이 이뤄지는 걸까요? 바로 '역전파(Backpropagation)'라는 학습 알고리즘을 통해서입니다. 역전파는 먼저 입력 데이터를 신경망에 전파하여 출력값을 계산하고, 이 출력값과 실제 정답 간의 오차를 측정합니다. 그리고 이 오차를 신경망의 출력층에서부터 입력층 방향으로 역으로 전파하면서, 각 층의 가중치를 오차가 줄어드는 방향으로 조금씩 업데이트하는 과정을 반복하는 것입니다. 이 과정을 수많은 데이터에 대해 수행하면서 신경망 모델은 점진적으로 학습되어 갑니다. 이는 마치 산을 오르는 사람이 경사가 완만한 방향으로 조금씩 걸음을 내디뎌 정상에 도달하는 것과 비슷하다고 볼 수 있을 것 같습니다.

Convolutional Neural Network

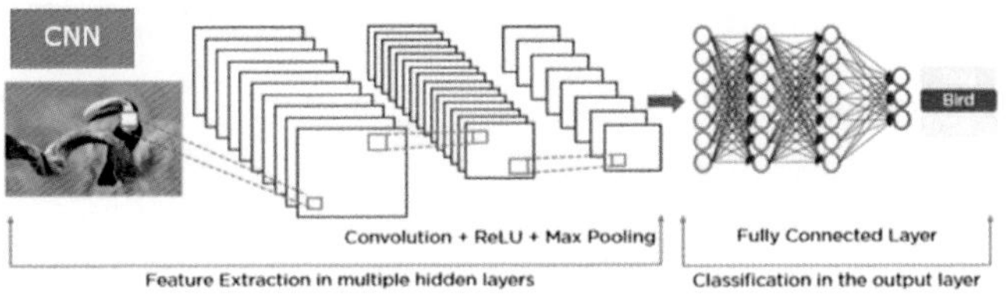


Recurrent Neural Network

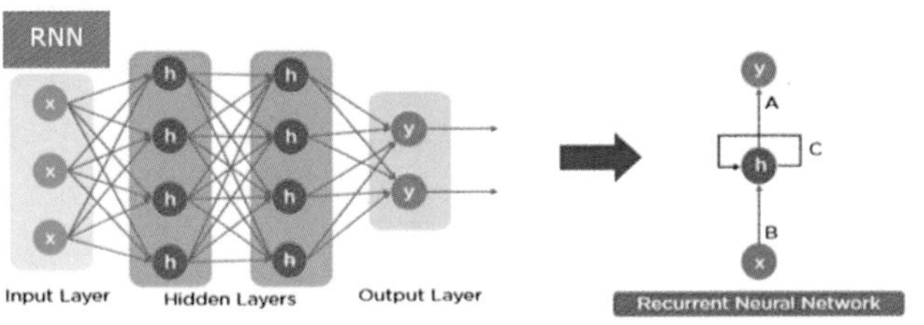


CNN과 RNN

딥러닝 분야에서는 다양한 신경망 아키텍처들이 등장하여 세부 영역별로 뛰어난 성능을 보여주고 있습니다. 이미지 처리 분야에서는 '합성곱 신경망(CNN, Convolutional Neural Network)'이 큰 주목을 받고 있는데, 이는 이미지의 지역적 특성을 효과적으로 포착할 수 있는 구조로 되어 있기 때문입니다. 자연어 처리 영역에서는 '순환 신경망(RNN, Recurrent Neural Network)'과 '트랜스포머(Transformer)' 모델이 주목받고 있습니다. 이들은 단어나 문장의 순서 정보를 처리하는 데 최적화된 구조를 지니고 있습니다. 이 밖에도 '오토인코더(Autoencoder)', '생성적 적대 신경망(GAN, Generative Adversarial Network)' 등 다양한 신경망 모델들이 데이터의 특성에 맞게 설계되어 활용되고 있습니다.

특히 생성형 AI 기술의 발전에는 이러한 딥러닝 모델들의 진보가 결정적인 역할을 했다고 볼 수 있습니다. 방대한 데이터로부터 복잡한 패턴과 규칙을 학습한 신경망 모델이 새로운 콘텐츠를 창작해 내는 것이 바로 생성형 AI의 핵심 원리이기 때문입니다. 최근 많은 주목을 받고 있는 GPT(Generative Pre-trained Transformer)나 DALL-E, Stable Diffusion 등의 모델들도 모두 대규모 딥러닝 아키텍처를 기반으로 텍스트, 이미지 등을 생성하고 있습니다.

하지만 딥러닝의 발전에도 불구하고, 여전히 풀어야 할 숙제들이 남아 있습니다. 무엇보다 딥러닝 모델의 복잡성과 불투명성은 '블랙박스'로 여겨지는 주된 원인인데, 이는 모델의 신뢰성과 설명 가능성 측면에서 한계로 지적됩니다. 또한 학습에 막대한 연산량과 데이터가 필요하다는 점, 실세계의 역동적인 변화에 취약할 수 있다는 점 등도 앞으로 풀어나가야 할 과제라 할 수 있습니다. 기술의 고도화와 함께 이에 수반되는 한계점들을 극복하기 위한 지속적인 연구와 혁신이 요구되는 시점입니다.

그럼에도 딥러닝은 지금 이 순간, 우리의 삶을 변화시키고 있습니다. 스마트폰의 얼굴 인식, 음성 비서, 추천 시스템 등 일상 곳곳에서 딥러닝 기술을 마주하고 있습니다. 또한 의료에서 교육, 금융에 이르기까지 산업 전반에 걸쳐 혁신의 동력이 되고 있습니다. 특히 딥러닝은 이제 단순히 주어진 문제를 해결하는 차원을 넘어, 새로운 것을 창조하는 영역으로 그 지평을 넓혀가고 있습니다. 앞으로 딥러닝 기술이 예술, 과학, 철학 등 인간 고유의 영역에 어떠한 영향을 미칠지 주목해 볼 필요가 있을 것 같습니다.

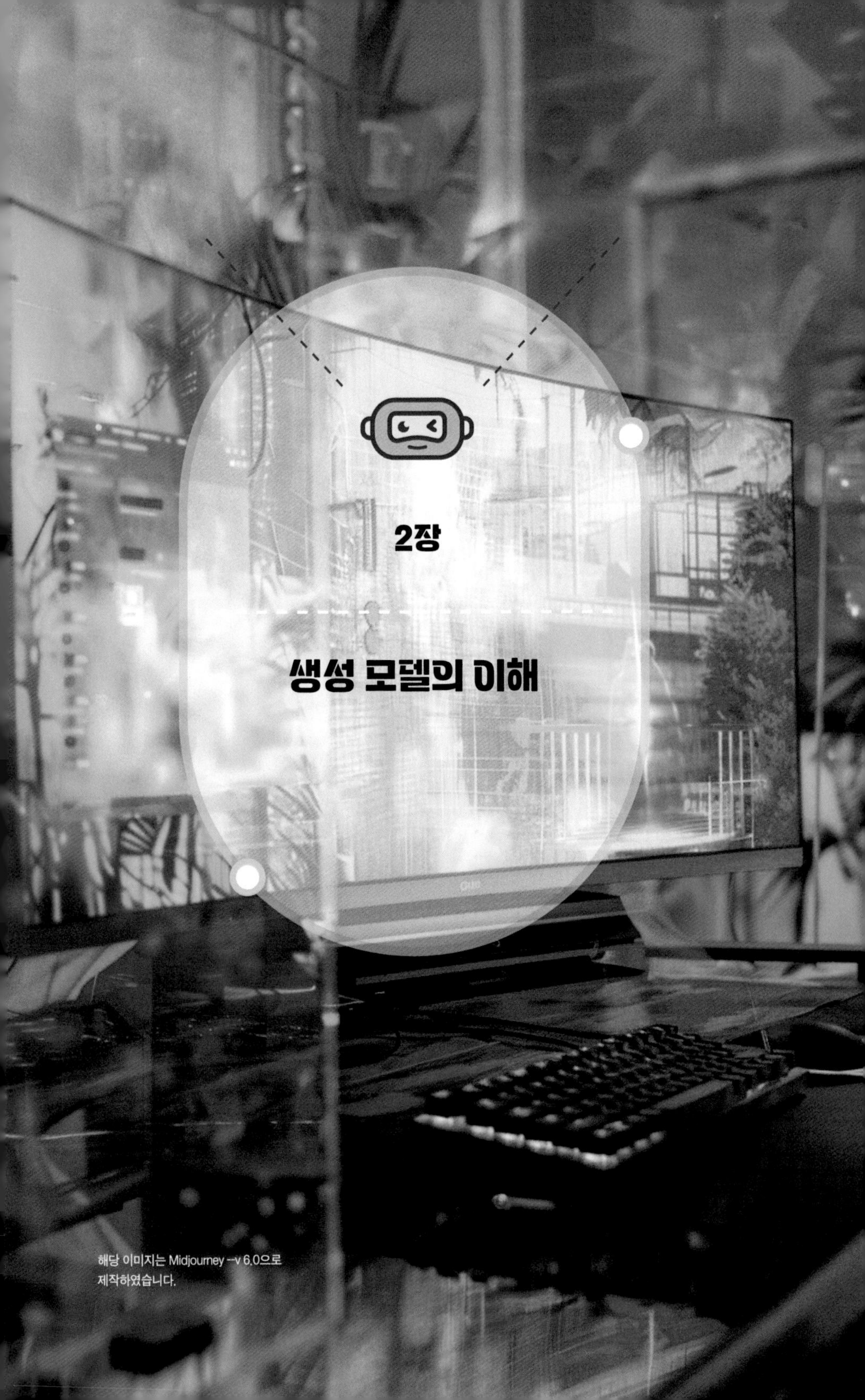

# 2장

# 생성 모델의 이해

해당 이미지는 Midjourney --v 6.0으로
제작하였습니다.

## 생성 모델의 정의와 특징

지금까지 우리는 생성형 AI를 이해하기 위한 밑바탕으로서 인공지능, 머신러닝, 딥러닝의 기본 개념과 원리에 대해 살펴보았습니다. 이제 본격적으로 생성형 AI의 핵심 기술인 '생성 모델(Generative Model)'에 대해 깊이 있게 알아보고자 합니다. 생성 모델은 어떤 특성을 지니고 있으며, 기존의 머신러닝 기법들과는 어떻게 구별되는 것일까요? 또한 다양한 생성 모델의 종류에는 어떤 것들이 있는지 자세히 살펴보도록 하겠습니다. 이를 통해 생성형 AI 기술의 본질에 한 걸음 더 다가갈 수 있을 것입니다.

그럼 먼저 생성 모델의 정의부터 짚어보겠습니다. 생성 모델이란 간단히 말해 "학습 데이터와 유사한 새로운 데이터를 생성해내는 모델"을 의미합니다. 다시 말해, 주어진 데이터의 확률 분포를 추정하여 이를 바탕으로 가상의 데이터를 샘플링하는 것이 생성 모델의 핵심 원리라고 할 수 있습니다. 예를 들어 수많은 고양이 사진을 학습한 생성 모델은 기존에 없던 새로운 고양이 이미지를 만들어낼 수 있습니다. 마찬가지로 방대한 텍스트 데이터로 학습한 생성 모델은 마치 사람이 쓴 것 같은 새로운 문장이나 문서를 생성해 낼 수 있게 됩니다.

이러한 생성 모델은 전통적인 머신러닝 모델, 특히 '판별 모델(Discriminative Model)'과는 구분되는 특징을 지니고 있습니다. 판별 모델은 입력 데이터가 주어졌을 때 그것이 어떤 범주에 속하는지 또는 어떤 값을 가지는지 '예측'하는 데 주안점을 둡니다. 예컨대 이메일이 스팸인지 아닌지 분류하거나, 집값을 예측하는 문제 등이 판별 모델의 전형적인 활용 사례라고 할 수 있습니다. 반면 생성 모델은 데이터의 생성 과정 자체를 모델링하는 데 초점을 맞춥니다. 즉, 데이터가 어떤 확률적 메커니즘을 통해 생성되었는지를 학습함으로써 유사한 데이터를 새롭게 만들어내는 것이 목적인 셈입니다.

이처럼 서로 다른 목적을 지닌 만큼, 생성 모델은 판별 모델과는 차별화된 학습 방식을 채택하고 있습니다. 판별 모델은 주로 지도 학습(Supervised Learning)을 통해 레이블이 있는 데이터를 사용하여 입력과 출력 간의 매핑 관계를 학습합니다. 반면 생성 모델은 주로 비지도 학습(Unsupervised Learning)에 기반하여, 레이블 없이 오로지 데이터의 내재된 구조와 패턴을 포착하는 데 주력합니다. 물론 두 가지 패러다임을 결합한 준지도 학습(Semi-supervised Learning)이나 자기지도 학습(Self-supervised Learning) 방식으로 생성 모델을 학습하기도 합니다.

그렇다면 생성 모델은 왜 중요할까요? 생성 모델이 주목받는 이유는 크게 두 가지 측면에서 살펴볼 수 있습니다. 첫째는 데이

| 지도 학습 (Supervised Learning) | 비지도 학습 (Unsupervised Learning) |
|---|---|
| 입력 데이터는 레이블이 지정됨 | 입력 데이터는 레이블이 없음 |
| 피드백 메커니즘이 있음 | 피드백 메커니즘이 없음 |
| 훈련 데이터셋에 기반하여 데이터 분류 | 주어진 데이터의 속성을 할당하여 분류함 |
| 회귀(Regression)와 분류(Classification)로 나눔 | 클러스터링(Clustering)과 연관 규칙(Association)으로 나눔 |
| 예측을 위해 사용됨 | 분석을 위해 사용됨 |
| 알고리즘은 의사결정 트리(Decision Trees), 로지스틱 회귀(Logistic Regressions), 서포트 벡터 머신(Support Vector Machine)을 포함 | 알고리즘은 K-평균 클러스터링(K-means Clustering), 계층적 클러스터링(Hierarchical Clustering), 아프리오리 알고리즘(Apriori Algorithm)을 포함 |
| 클래스의 수가 알려짐 | 클래스의 수가 알려지지 않음 |

지도 학습과 비지도 학습 ©Lynn Kim

터의 본질에 대한 이해를 높인다는 점입니다. 단순히 데이터를 분류하거나 예측하는 것을 넘어, 데이터가 생성된 근원적인 메커니즘을 파악함으로써 도메인에 대한 통찰을 얻을 수 있기 때문입니다. 이는 기계학습의 '설명 가능성(Interpretability)'과도 맞닿아 있는 중요한 주제입니다. 둘째는 현실에는 존재하지 않지만 있을법한 새로운 데이터를 창출함으로써, 데이터 부족 문제를 완화하고 다양한 응용 분야를 열어준다는 점입니다. 가상 데이터 생성을 통한 데이터 증강, 이상 탐지 및 결측치 처리, 시뮬레이션 환경 구성 등에 생성 모델이 활발히 활용되고 있습니다.

### 설명 가능성(Interpretability)

기계학습에서 '설명 가능성(Interpretability)'은 모델의 예측이나 결정이 어떻게 이루어졌는지를 이해하고 설명할 수 있는 정도를 말합니다. 즉, 모델이 어떤 로직이나 패턴을 사용하여 입력에서 출력을 도출하는지를 사람이 이해할 수 있도록 만드는 것입니다.

설명 가능한 모델은 다음과 같은 여러 이점을 제공합니다:

1. 신뢰성: 사용자는 모델의 예측이나 분류가 일관된 근거에 기반한다는 것을 알게 되면 모델을 더 신뢰할 수 있습니다.
2. 진단 가능성: 모델이 잘못된 예측을 했을 경우, 설명 가능성을 통해 오류의 원인을 진단하고 개선할 수 있습니다.
3. 법적 및 윤리적 책임: 특히 금융, 의료, 법 집행 등의 분야에서 모델의 결정이 중대한 영향을 끼칠 수 있으므로, 모델의 결정 경로를 추적하고 설명할 수 있는 능력이 법적 및 윤리적 책임을 다하는 데 중요합니다.
4. 특성 중요도: 설명 가능한 모델은 어떤 입력 특성이 예측에 가장 중요한 영향을 미치는지를 밝힐 수 있어, 해당 분야의 지식을 향상시키고 특성 공학을 개선하는 데 도움이 됩니다.

그러나 모든 머신러닝 모델이 설명 가능한 것은 아닙니다. 일부 모델, 특히 딥러닝 모델 같은 복잡한 비선형 모델들은 '블랙박스 모델'로 간주되곤 합니다. 이러한 모델들은 높은 예측 정확도를 제공하지만, 내부 작동 메커니즘이 매우 복잡하여 왜 특정 결정이나 예측이 이루어졌는지를 설명하기 어렵습니다.

설명 가능한 기계학습을 달성하기 위한 다양한 접근 방식이 있으며, 이 중 몇 가지는 다음과 같습니다.

1. 모델의 단순화: 설명하기 쉬운 모델(예: 의사결정 트리, 선형 회귀)을 사용하여 복잡도를 낮춥니다.
2. 모델-독립적 방법: LIME(Local Interpretable Model-agnostic Explanations) 또는 SHAP(SHapley Additive exPlanations) 같은 기술을 사용하여 복잡한 모델의 예

측을 근사화하고, 각 특성이 예측에 미치는 영향을 설명합니다.
3. 시각화: 데이터와 모델의 예측을 시각화하여 인사이트를 제공하고, 모델의 동작을 이해하기 쉽게 만듭니다.

설명 가능성은 현재 머신러닝 연구의 활발한 분야 중 하나이며, 모델의 투명성과 책임성을 높이기 위한 지속적인 노력의 일환입니다.

이러한 생성 모델에는 어떤 종류가 있을까요? 생성 모델은 그 확률적 가정과 구조에 따라 다양하게 분류될 수 있지만, 크게 네 가지 주요 유형으로 나눠볼 수 있을 것 같습니다.

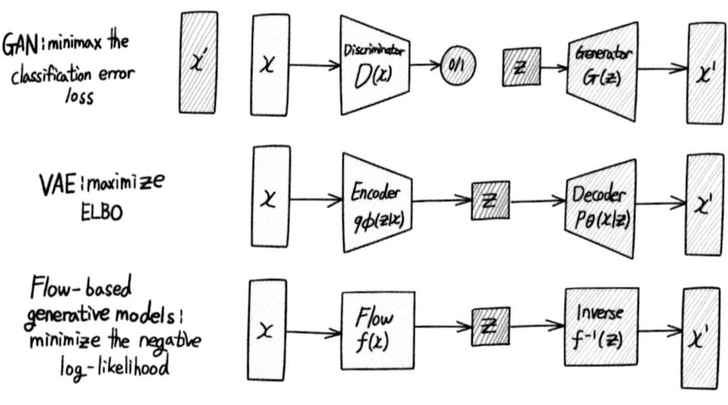


GAN, VAE, 흐름 기반 모델 ©Lynn Kim

첫 번째는 '변분 자동 인코더(VAE, Variational AutoEncoder)'입니다. VAE는 인코더와 디코더라는 두 개의 신경망으로 구성된 모델로, 데이터를 저차원의 잠재 공간(Latent Space)으로 압축했다가 다시 복원하는 과정에서 데이터의 본질적인 특성을 학습하게 됩니다. 이 과정에서 확률적 잠재 변수를 도입함으로써 다양한 변이를 지닌 데이터를 생성할 수 있게 되는 것입니다. VAE는 이미지 생성이나 협업 필터링 등에 널리 활용되고 있습니다.

두 번째로 '생성적 적대 신경망(GAN, Generative Adversarial Network)'을 들 수 있습니다. GAN은 생성자(Generator)와 판별자(Discriminator)라는 두 개의 신경망이 서로 경쟁하며 학습하는 구조를 지니고 있습니다. 생성자는 가짜 데이터를 만들어내고, 판별자는 진짜와 가짜를 구별하려 합니다. 이 둘의 대결을 통해 생성자는 점점 더 진짜 같은 데이터를 만들어내는 방향으로 진화하게 됩니다. GAN은 이미지 생성, 스타일 변환, 초해상도 등 다양한 비전 과제에서 혁혁한 성과를 보여주고 있습니다.

세 번째는 '흐름 기반 모델(Flow-based Model)'입니다. 흐름 기반 모델은 일련의 가역적인 변환을 통해 데이터의 확률 분포를 학습하는 방식을 취합니다. 복잡한 데이터 분포를 다루기 쉬운 분포(예: 가우시안 분포)로 변환하고, 역변환을 통해 새로운 데이터를 생성하는 것입니다. 대표적인 예로는 NICE, Real NVP, Glow 등의 모델이 있습니다. 흐름 기반 모델은 명시적인 밀도 추정과 정확한 우도 계산이 가능하다는 장점이 있습니다.

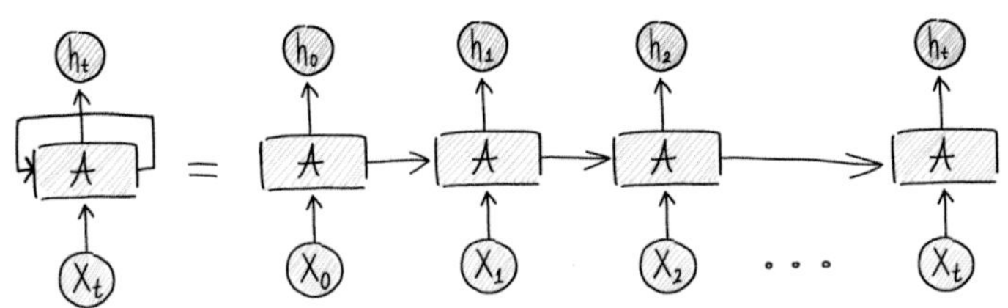


자기회귀 모델(Autoregressive Model) ©Lynn Kim

마지막으로 '자기회귀 모델(Autoregressive Model)'을 빼놓을 수 없습니다. 자기회귀 모델은 데이터의 각 요소를 이전 요소들의 조건부 확률로 모델링하는 접근법입니다. 이미지의 경우 픽셀을, 텍스트의 경우 단어나 문자를 차례대로 예측하면서 새로운 데이터를 생성해 나가게 됩니다. PixelRNN, PixelCNN, WaveNet 등이 자기회귀 모델의 대표적인 예라 할 수 있습니다. 최근 가장 주목받는 GPT 시리즈도 자기회귀 언어 모델의 일종이라고 볼 수 있습니다.

물론 이 외에도 에너지 기반 모델(EBM), 정규 흐름(Normalizing Flow), 이산 잠재 변수 모델(Discrete Latent Variable Model) 등 다양한 유형의 생성 모델들이 활발히 연구되고 있습니다. 데이터의 유형과 도메인의 특성, 그리고 애플리케이션의 목적에 따라 적합한 모델을 선택하고 설계하는 것이 중요하겠습니다. 최근에는 서로 다른 패러다임의 장점을 결합한 하이브리드 모델들도 등장하고 있어, 더욱 흥미로운 발전 양상을 보입니다.

지금까지 생성 모델의 정의와 주요 특징, 그리고 다양한 유형에 대해 살펴보았습니다. 생성 모델은 단순히 데이터를 모방하는 차원을 넘어, 창의적인 결과물을 만들어낼 수 있는 강력한 프레임워크를 제공합니다. 이러한 잠재력으로 인해 생성 모델은 예술, 과학, 공학 등 전방위적인 영역에서 파급력을 발휘하고 있는데요. 특히 최근 폭발적인 관심을 받고 있는 이미지 생성, 텍스트 생성 등의 기술은 모두 이러한 생성 모델의 발전이 있었기에 가능했다고 해도 과언이 아닐 것입니다.

# 주요 생성 모델 (GAN, VAE, Transformer 등)

이번 절에서는 다양한 생성 모델 중에서도 특히 주목할 만한 모델들을 집중적으로 살펴보고자 합니다. 구체적으로는 생성적 적대 신경망(GAN), 변분 자동 인코더(VAE), 그리고 트랜스포머(Transformer) 모델에 대해 심도 있게 알아보겠습니다. 각 모델의 기본 구조와 작동 원리를 이해하고, 이들이 서로 어떻게 구별되는지 비교해 봄으로써 생성 모델 연구의 지형도를 그려보는 시간을 가져보겠습니다. 아울러 각 모델이 실제 어떤 분야에서 어떻게 활용되고 있는지 흥미로운 사례들도 함께 살펴보도록 하겠습니다.

먼저 생성적 적대 신경망, 즉 GAN에 대해 알아보겠습니다. GAN은 2014년 이안 굿펠로우(Ian Goodfellow)와 그의 동료들에 의해 제안된 획기적인 생성 모델로, 이후 생성형 AI 연구의 판도를 바꾸어 놓은 혁신적인 아이디어로 평가받고 있습니다. GAN의 핵심은 바로 '적대적 학습(Adversarial Learning)'이라는 개념인데요. 두 개의 신경망, 즉 생성자(Generator)와 판별자(Discriminator)를 경쟁시키며 학습한다는 점에서 기존의 생성 모델들과는 차별화된 접근법을 취하고 있습니다.

**ref.**
Goodfellow, I., Pouget-Abadie, J., Mirza, M., Xu, B., Warde-Farley, D., Ozair, S., Courville, A., & Bengio, Y. (2014, December). Generative adversarial networks. In Advances in neural information processing systems (pp. 2672-2680).

좀 더 구체적으로 설명하자면, 생성자의 목표는 실제 데이터와 구분되지 않을 만큼 진짜 같은 가짜 데이터를 만들어내는 것입니다. 반면 판별자는 생성자가 만들어낸 가짜 데이터와 실제 데이터를 최대한 정확히 구별해 내려 합니다. 이 둘은 마치 위조지폐범과 경찰의 대결처럼 서로가 서로를 속이고 간파하려는 긴장 관계 속에서 경쟁적으로 발전해 나가게 되는 것입니다. 이러한 적대적 학습을 통해 결과적으로 생성자는 실제 데이터의 분포를 근사하는 방향으로, 판별자는 진위를 정확히 가려내는 방향으로 진화하게 됩니다. 이것이 바로 GAN의 기본 아이디어라고 할 수 있

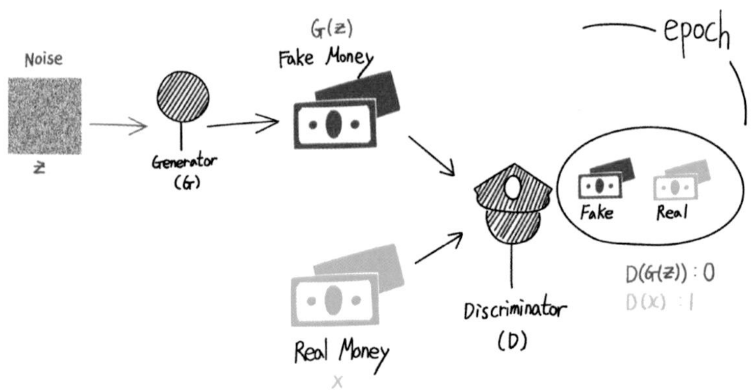


생성적 적대 신경망(GAN) ©Lynn Kim

습니다.

GAN은 처음 등장했을 당시부터 이미지 생성 분야에서 눈부신 성과를 보여주었습니다. 사실적인 얼굴 이미지를 생성해 내는가 하면, 기존 이미지의 스타일을 다른 이미지의 스타일로 변환하는 등 창의적인 결과물들을 쏟아내기 시작했죠. 이후 DCGAN, CycleGAN, Pix2Pix, BigGAN 등 다양한 후속 모델들이 개발되면서 GAN은 이미지 생성의 대명사로 자리매김하게 됩니다. 최근에는 영상, 음악, 3D 모델 등 더욱 다양한 분야로 GAN의 활용 범위가 확장되는 추세입니다.

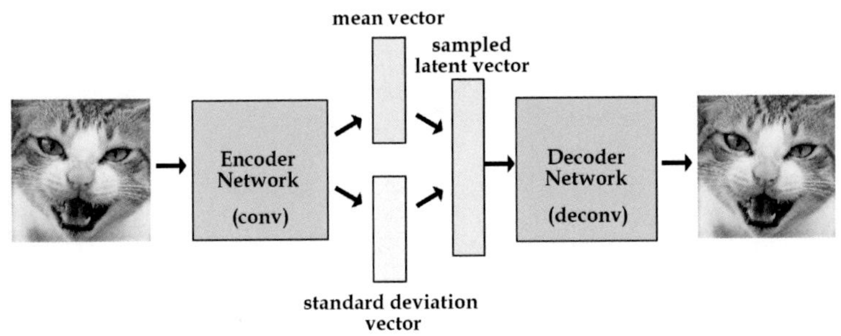


변분 자동 인코더(VAE)

다음으로는 변분 자동 인코더, 즉 VAE에 대해 살펴보겠습니다. VAE는 2013년 디드릭 킹마(Diederik Kingma)와 맥스 웰링(Max Welling)에 의해 제안된 생성 모델로, 오토인코더(Autoencoder)와 변분 베이즈(Variational Bayesian) 방법론을 결합한 프레임워크라고 할 수 있습니다. VAE의 기본 아이디어는 데이터를 저차원의 잠재 공간(Latent Space)으로 인코딩한 후, 이 잠재 공간에서 데이터를 샘플링하여 다시 디코딩함으로써 새로운 데이터를 생성한다는 것입니다.

**ref.**
Kingma, Diederik P., and Max Welling. "Auto-encoding variational bayes." arXiv preprint arXiv:1312.6114 (2013).

조금 더 자세히 말씀드리자면, VAE는 인코더(Encoder)와 디코더(Decoder)라는 두 개의 신경망으로 구성됩니다. 인코더는 입력 데이터를 받아 이를 잠재 변수(Latent Variable)의 확률 분포로 매핑하는 역할을 합니다. 이때 주목할 점은 이 잠재 변수가 특정한 값이 아닌 확률 분포로 표현된다는 것인데요. 이를 통해 잠재 공간상에서 유연하고 부드러운 표현이 가능해집니다. 한편 디코더는 잠재 변수로부터 원본 데이터와 유사한 데이터를 복원해 내는 임무를 수행합니다. VAE의 학습 과정에서는 입력 데이터를 잘 복원하는 동시에 잠재 공간이 단순한 분포(예: 가우시안 분포)를 따르도록 만드는 두 가지 목표가 동시에 추구됩니다. 이를 통해 잠재 공간상에서 의미 있는 보간(Interpolation)과 샘플링이 가능해지는 것입니다.

VAE는 이미지 생성 분야에서 처음 주목받기 시작했지만, 이후 다양한 도메인으로 그 활용 범위를 넓혀가고 있습니다. 예를 들어 협업 필터링에 기반한 추천 시스템, 드럼 패턴 생성, 분자 구조 디자인 등에서 VAE를 활용한 흥미로운 사례들이 등장하고 있습니다. 무엇보다 VAE는 데이터의 잠재 표현을 학습함으로써 '설명 가능한 표현 학습(Representation Learning)'의 관점에서도 중요한 의의를 지닙니다. 데이터의 핵심 요인이 잠재 공간상에서 해석 가능한 형태로 표현될 수 있기 때문입니다. 이러한 점에서 VAE는 단순한 생성 모델을 넘어 데이터 이해와 탐색을 위한 강력한 프레임워크로 자리매김하고 있습니다.

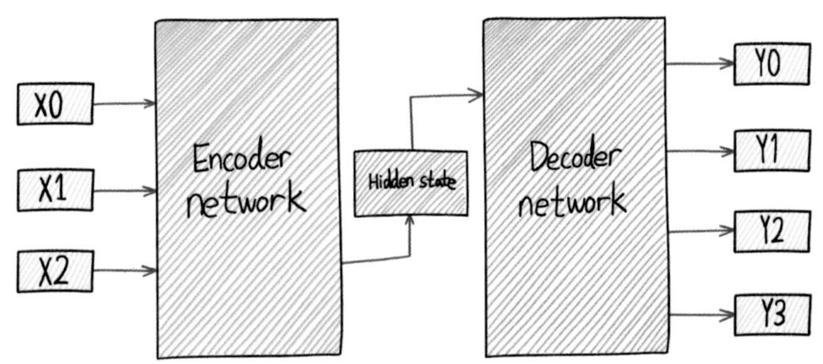


트랜스포머(Transformer) ©Lynn Kim

마지막으로 트랜스포머(Transformer) 모델에 대해 알아보겠습니다. 트랜스포머는 원래 자연어 처리 분야에서 등장한 모델이지만, 최근에는 생성형 AI 연구의 핵심 모델로 급부상하고 있습니다. 2017년 구글 연구진에 의해 발표된 'Attention is All You Need'라는 논문에서 처음 제안된 트랜스포머는, 기존의 순환 신경망(RNN) 기반 모델들과는 달리 '어텐션(Attention)' 메커니즘에 전적으로 의존하는 새로운 아키텍처를 선보였습니다. 트랜스포머의 핵심 아이디어는 시퀀스 데이터의 전역적 의존성을 포착하기 위해, 시퀀스 내 모든 위치 간의 상관관계를 직접적으로 모델링한다는 것입니다.

**ref.**
Vaswani, Ashish, et al. "Attention is all you need." Advances in neural information processing systems 30 (2017).

좀 더 구체적으로 살펴보면, 트랜스포머는 인코더와 디코더의 두 부분으로 구성됩니다. 인코더는 입력 시퀀스로부터 고차원의 특징 표현을 추출하고, 디코더는 이를 바탕으로 출력 시퀀스를 생성합니다. 이때 인코더와 디코더 내부에는 셀프 어텐션(Self-Attention)과 포지션와이즈 피드포워드(Position-wise Feed-Forward) 레이어가 교대로 쌓여있는 구조를 취하고 있습니다. 셀프 어텐션은 시퀀스 내 각 위치가 다른 모든 위치와의 관련성을 학습할 수 있도록 해 주는 메커니즘인데요. 예를 들어 문장 내에서 단어들 사이의 장거리 의존성을 효과적으로 포착할 수 있게 해줍니다. 덕분에 트랜스포머는 기존 모델들에 비해 훨씬 더 넓은 컨텍스트를 고려하면서도 병렬 처리가 가능해져, 자연어 처리 과제에서 눈부신 성능 향상을 이끌어낼 수 있었습니다.

특히 자연어 생성 분야에서 트랜스포머는 그 진가를 유감없이 발휘하고 있습니다. GPT 시리즈로 대표되는 거대 언어 모델들이 모두 트랜스포머 아키텍처를 기반으로 하고 있습니다. 방대한 텍스트 데이터로 사전 학습된 이들 모델은 문맥을 이해하고 자연스러운 문장을 생성해 내는 놀라운 능력을 보여주고 있습니다. 최근에는 DALL-E, Imagen, Stable Diffusion 등의 모델에서 볼 수 있듯이, 이미지 생성 분야에서도 트랜스포머가 주류 모델로 자리 잡아 가는 추세입니다. 텍스트 기반 이미지 생성이라는 새로운 패러다임을 열어젖힌 이들 모델의 핵심에는 모두 트랜스포머가 자리하고 있습니다.

지금까지 GAN, VAE, 트랜스포머를 중심으로 주요 생성 모델들에 대해 살펴보았습니다. 각 모델은 서로 다른 확률적 가정과 구조를 바탕으로, 나름의 독특한 방식으로 데이터를 모델링하고 새로운 데이터를 창출해 냅니다. GAN은 생성자와 판별자의 적대적 경쟁을 통해, VAE는 잠재 변수의 확률 분포를 활용하여, 트랜스포머는 어텐션 메커니즘으로 전역적 의존성을 포착함으로써 말입니다. 이들은 각기 다른 강점과 특징을 지니고 있지만, 궁극적으로는 모두 데이터가 내포하고 있는 본질적인 패턴과 구조를 학습한다는 공통된 목표를 향해 나아가고 있습니다.

물론 이 세 가지가 생성 모델의 전부는 아닙니다. 앞서 언급한 흐름 기반 모델이나 자기회귀 모델 등 다양한 접근법들이 활발히 연구되고 있습니다. 최근에는 서로 다른 패러다임을 결합하거나, 각 모델의 장점을 취하는 하이브리드 모델들도 속속 등장하고 있습니다. 예를 들어 GAN과 VAE를 결합한 VAEGAN이나, VAE의 잠재 공간에 트랜스포머를 적용한 DALL-E 등이 대표적인 사례라 할 수 있습니다. 이처럼 생성 모델의 지평은 나날이 확장되고 있으며, 그 가능성은 무궁무진해 보입니다.

다만 우리가 주의해야 할 점은, 이러한 모델들이 만들어내는 결과물이 아무리 사실적이고 창의적이라 할지라도 여전히 한계와 편향이 존재할 수밖에 없다는 사실입니다. 모델은 어디까지나 학습 데이터에 의존할 수밖에 없기에, 데이터가 내포하고 있는 편견이나 부족한 부분이 모델에 그대로 반영될 수 있기 때문입니다. 따라서 생성 모델을 활용할 때에는 그 결과물을 무비판적으로 수용하기보다는, 모델의 한계를 인지하고 비판적인 관점에서 바라볼 필요가 있습니다. 아울러 생성형 AI가 가져올 수 있는 부정적 영향, 예컨대 악용 가능성이나 창작자의 권리문제 등에 대해서도 진지하게 고민하고 선제적으로 대응해야 할 것입니다.

그럼에도 불구하고 생성 모델은 분명 우리에게 새로운 가능성을 열어주고 있습니다. 예술과 창작의 영역에서 새로운 영감을 불어넣어 주는가 하면, 과학과 기술의 발전을 가속하는 데에도 기여하고 있습니다. 무엇보다 생성형 AI는 우리로 하여금 창의성과 지능에 대한 근본적인 질문을 다시금 되새겨 보게 합니다. 과연 창의성의 본질은 무엇이며, 인간만이 가질 수 있는 고유한 영역은 존재하는 것인지. 생성 모델의 발전은 이러한 질문들을 통해 우리 스스로를 성찰하고 미래를 그려보는 계기가 되어주고 있습니다.

이제 우리는 GAN, VAE, 트랜스포머로 대표되는 주요 생성 모델들에 대해 간략히나마 살펴보았습니다. 각 모델의 독특한 아이디어와 강점을 이해함으로써, 생성형 AI의 세계를 보다 깊이 있게 바라볼 수 있는 기반을 마련한 셈입니다. 물론 이것이 전부는 아닙니다. 생성 모델의 세계는 너무나 빠른 속도로 진화하고 있기에, 우리가 알아야 할 것들은 훨씬 더 많이 남아 있습니다. 중요한 것은 이러한 변화의 흐름을 놓치지 않되, 비판적이고 균형 잡힌 시각을 잃지 않는 노력입니다.

## 생성 모델의 학습 방법

지금까지 우리는 생성 모델의 주요 유형과 그 특징에 대해 살펴보았습니다. GAN, VAE, 트랜스포머 등으로 대표되는 다양한 생성 모델들이 저마다의 독특한 아이디어와 구조를 바탕으로 인상적인 결과물들을 만들어내고 있음을 확인할 수 있었죠. 하지만 이러한 모델들이 어떻게 학습되는지, 그 이면에는 어떤 원리와 방법론이 자리하고 있는지 궁금증이 들지 않으셨나요? 이번 절에서는 생성 모델 학습의 핵심 요소들을 하나씩 짚어보며, 모델이 데이터로부터 어떻게 패턴을 포착하고 지식을 습득해 나가는지 그 과정을 좀 더 깊이 있게 들여다보고자 합니다.

생성 모델의 학습, 즉 훈련(Training)은 크게 세 가지 요소로 구성됩니다. 손실 함수(Loss Function)의 설계, 최적화(Optimization) 알고리즘의 선택, 그리고 학습 과정을 모니터링하고 모델을 평가하기 위한 지표(Metric)의 활용이 바로 그것입니다. 이 세 가지 요소가 유기적으로 맞물려 작동할 때 비로소 생성 모델은 데이터의 본질을 효과적으로 학습할 수 있게 되는 것입니다. 지금부터 하나씩 자세히 살펴보겠습니다.

첫 번째로 손실 함수에 대해 알아보겠습니다. 손실 함수는 모델의 예측값과 실제값 사이의 차이, 즉 오차를 측정하는 함수를 의미합니다. 기계학습의 목표는 이 손실 함수의 값을 최소화하는 것이라고 할 수 있습니다. 생성 모델의 경우, 이 손실 함수를 어떻게 설계하느냐가 매우 중요한 문제로 대두됩니다. 단순히 원본 데이터와의 차이를 최소화하는 것만으로는 부족하기 때문입니다. 생성 모델에서는 생성된 데이터의 품질, 다양성, 그리고 원본 데이터의 분포와의 유사도까지 고려해야 합니다. 이를 위해 다양한 형태의 손실 함수들이 제안되어 왔는데요.

가장 대표적인 것이 GAN에서 사용되는 '적대적 손실(Adversarial Loss)'입니다. 적대적 손실은 생성자와 판별자의 경쟁을 통해 간접적으로 정의되는 손실인데요. 생성자는 판별자를 속이는, 즉 판별자가 진짜라고 판단할 만한 가짜 데이터를 생성하는 방향으로 학습되고, 판별자는 진짜와 가짜를 정확히 구분하는 방향으로 학습됩니다. 이 둘의 대결 구도 속에서 적대적 손실이 계산되는 것입니다. 적대적 손실은 생성 모델이 단순히 데이터를 모방하는 것이 아니라, 데이터의 내재된 구조와 특성을 진정으로 이해하도록 이끌어준다는 점에서 큰 의의가 있습니다.

VAE의 경우 '변분 하한(Variational Lower Bound)', 혹은 'ELBO(Evidence Lower Bound)'라고 불리는 손실 함수를 사용합니다. ELBO는 두 가지 항으로 구성되어 있는데요. 하나는 원본 데이터와 복원된 데이터 사이의 차이를 나타내는 '복원 손실(Reconstruction Loss)'이고, 다른 하나는 학습된 잠재 변수의 분포와 사전에 정의된 분포(주로 가우시안 분포) 사이의 차이를 나타내는 'KL 발산(Kullback-Leibler Divergence)'입니다. 이 두 항을 적절히 조율함으로써, VAE는 데이터를 효과적으로 압축하면서도 의미 있는 잠재 표현을 학습할 수 있게 됩니다.

최근에는 GAN과 VAE의 장점을 결합한 하이브리드 모델들도 활발히 연구되고 있습니다. 대표적으로 'VAE-GAN'이라는 모델은 VAE의 복원 손실과 GAN의 적대적 손실을 함께 사용함으로써, 안정적인 학습과 높은 품질의 생성 결과를 동시에 달성할 수 있음을 보여주었습니다. 이처럼 서로 다른 손실 함수를 결합하거나 변형하는 것은 생성 모델의 성능 향상을 위한 중요한 전략 중 하나라고 할 수 있습니다.

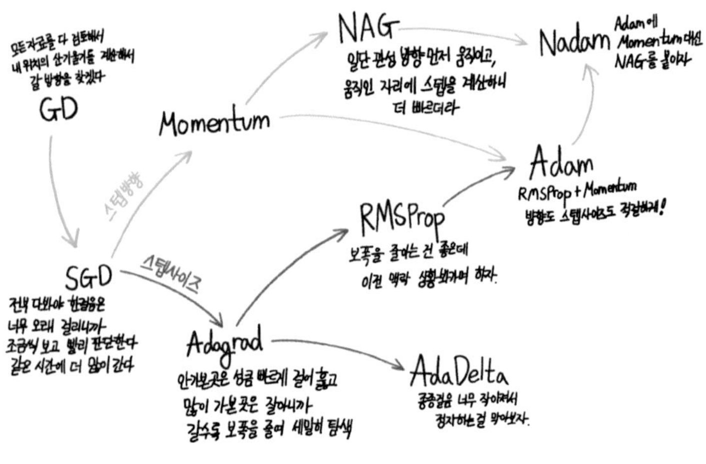


최적화 알고리즘의 발전 ©Lynn Kim

두 번째로 최적화 알고리즘에 대해 살펴보겠습니다. 최적화는 손실 함수를 최소화하는 모델 파라미터를 찾는 과정을 의미합니다. 생성 모델의 경우, 방대한 양의 파라미터를 다뤄야 하므로 효율적이고 안정적인 최적화 기법이 필수적입니다. 가장 널리 사용되는 최적화 알고리즘으로는 경사 하강법(Gradient Descent)의 변종들, 예컨대 확률적 경사 하강법(Stochastic Gradient Descent), Adam, RMSprop 등이 있습니다. 이들은 손실 함수의 기울기(Gradient) 정보를 활용하여 파라미터를 점진적으로 업데이트해 나가는 방식으로 동작합니다.

그런데 생성 모델, 특히 GAN의 학습에서는 기울기 정보만으로는 충분하지 않은 경우가 많습니다. GAN의 학습이 불안정해지거나 수렴하지 않는 문제가 자주 발생하기 때문입니다. 이를 극복하기 위해 다양한 기법들이 제안되었는데요. 대표적으로 'WGAN(Wasserstein GAN)'은 적대적 손실을 Wasserstein 거리로 대체함으로써 학습의 안정성을 크게 높일 수 있음을 보여주었습니다. 'SNGAN(Spectral Normalization GAN)'은 판별자의 가중치 행렬에 스펙트럴 정규화(Spectral Normalization)를 적용하여 학습을 안정화하는 기법을 제안하기도 했죠. 이처럼 최적화 과정을 개선하기 위한 연구도 활발히 이루어지고 있습니다.

마지막으로 평가 지표에 대해 알아보겠습니다. 학습 과정을 모니터링하고 생성 모델의 성능을 평가하기 위해서는 적절한 지표가 필요합니다. 그런데 생성 모델의 경우, 정답이 명확하지 않기 때문에 평가 지표를 정의하는 것 자체가 쉽지 않은 문제입니다. 이미지 생성 모델을 예로 들면, 생성된 이미지의 품질, 다양성, 원본 데이터와의 유사도 등 다양한 측면을 종합적으로 고려해야 합니다.

이를 위해 다양한 평가 지표들이 제안되어 왔습니다. 'IS(Inception Score)'는 사전 학습된 분류 모델인 Inception 네트워크를 활용하여 생성된 이미지의 품질과 다양성을 측정합니다. 'FID(Fréchet Inception Distance)'는 생성 이미지와 원본 이미지를 Inception 네트워크로 임베딩한 후, 그 특징 벡터들의 분포 간 거리를 계산함으로써 유사도를 평가하는 지표입니다. 최근에는 'PR(Precision and Recall)', 'Density and Coverage' 등, 보다 정교한 지표들도 제안되고 있습니다. 이러한 지표들을 활용하여 모델의 학습 상황을 점검하고, 하이퍼파라미터를 조정해 나가는 것이 중요합니다.

물론 이러한 평가 지표들이 완벽한 것은 아닙니다. 생성 결과물의 질적인 측면, 예를 들어 심미성, 창의성 등을 평가하기에는 여전히 한계가 있습니다. 또한 이미지 외의 다른 도메인, 예컨대 텍스트나 오디오 분야에서는 평가 지표 자체가 명확하게 정립되지 않은 경우도 많습니다. 생성 모델 고유의 평가 체계를 확립하는 것은 여전히 중요한 연구 주제 중 하나라고 할 수 있습니다.

이상으로 우리는 생성 모델 학습의 3대 요소, 즉 손실 함수, 최적화, 평가 지표에 대해 알아보았습니다. 물론 이것이 전부는 아닙니다. 데이터 전처리, 모델 구조의 설계, 하이퍼파라미터 튜닝 등 학습 과정에는 고려해야 할 사항들이 훨씬 더 많이 있습니다. 특히 최근에는 사전 학습(Pre-training)과 전이학습(Transfer Learning)

기법을 활용하여 대규모 데이터로 모델을 미리 학습시킨 후, 이를 다양한 하위 과제에 적용하는 접근법도 큰 주목을 받고 있습니다. 생성 모델 학습의 지평은 나날이 확장되고 있는 것입니다.

중요한 것은 이러한 학습 기법들이 단순히 모델의 성능을 높이는 것에 그치지 않는다는 점입니다. '어떤 손실 함수를 선택하고 어떻게 최적화할 것인가'의 문제는 결국 우리가 모델에 어떤 가치를 부여하고 어떤 방향으로 이끌어갈 것인가의 문제와 직결되어 있기 때문입니다. 예를 들어 공정성과 다양성을 중시한다면 이를 평가 지표에 반영하여 모델이 편향되지 않도록 유도할 수 있습니다. 따라서 생성 모델 학습에 있어서도 기술적 측면 못지않게 윤리적, 사회적 고려가 중요하다는 사실을 잊지 말아야 합니다.

자, 여기까지 생성 모델의 학습 방법론에 대해 알아보았습니다. 손실 함수의 설계에서부터 최적화 및 평가에 이르기까지, 모델이 데이터로부터 지식을 습득해 나가는 일련의 과정을 차근차근 살펴보았는데요. 어떠셨나요? 조금은 복잡하고 난해하게 느껴지셨을지도 모르겠습니다. 하지만 생성 모델 학습의 기본 원리와 주요 개념을 이해함으로써, 우리는 이제 모델이 만들어내는 결과물의 이면을 보다 깊이 있게 들여다볼 수 있게 되었습니다. 더 이상 모델을 블랙박스로 여기지 않고, 그 내부의 동작 메커니즘에 대해 궁금증을 갖게 된 것입니다.

물론 오늘날 첨단 생성 모델들의 학습 과정은 우리가 다룬 내용보다 훨씬 더 복잡하고 정교합니다. 허나 그 기저에는 여전히 오늘

배운 원칙들이 자리하고 있다는 사실을 염두에 두시기를 바랍니다. 앞으로도 생성 모델의 학습 방법론은 계속해서 진화해 나갈 것입니다.

# 3장

# 자연어 처리와 언어 모델

해당 이미지는 Midjourney --v 6.0으로 제작하였습니다.

# 자연어 처리의 개념과 주요 과제

지난 장까지 우리는 생성형 AI의 핵심 기술인 생성 모델에 대해 알아보았습니다. 생성 모델이 어떤 원리로 작동하는지, 어떻게 학습되는지 그 이면을 깊이 있게 탐구해 보는 시간이었는데요. 이번 장에서는 생성 모델이 가장 활발히 적용되고 있는 분야 중 하나인 '자연어 처리(Natural Language Processing, NLP)'의 세계로 발을 들여보고자 합니다. 자연어 처리란 무엇이며 어떤 주요 과제들을 다루고 있는지, 그리고 생성 모델이 그 속에서 어떤 역할을 하고 있는지 자세히 살펴보도록 하겠습니다.

먼저 자연어 처리의 개념부터 짚어보겠습니다. 자연어 처리란 인간이 일상적으로 사용하는 자연어, 즉 우리가 말하고 쓰는 언어를 컴퓨터가 이해하고 처리, 생성할 수 있도록 하는 인공지능의 한 분야를 의미합니다. 쉽게 말해 컴퓨터와 인간이 언어를 매개로 소통할 수 있게 만드는 것이 자연어 처리의 궁극적인 목표라고 할 수 있습니다. 음성 인식, 기계 번역, 챗봇 등 우리 주변에서 쉽게 접할 수 있는 AI 기술들 대부분이 자연어 처리 기술에 기반하고 있습니다.

자연어 처리가 다루는 주요 과제에는 어떤 것들이 있을까요? 크게 이해(Understanding), 생성(Generation), 그리고 상호작용(Interaction)의 세 범주로 나누어 볼 수 있을 것 같습니다.

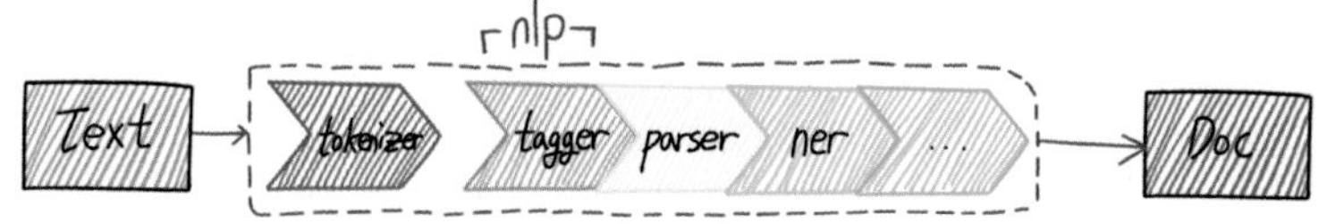


자연어 처리(Natural Language Processing, NLP) ©Lynn Kim

이해는 주어진 텍스트의 언어적 특성과 의미를 분석하고 해석하는 일련의 과제들을 포함합니다. 대표적으로는 품사 태깅(Part-of-speech Tagging), 구문 분석(Parsing), 개체명 인식(Named Entity Recognition), 언어 모델링(Language Modeling) 등이 있습니다. 품사 태깅은 문장 내 각 단어의 품사(명사, 동사, 형용사 등)를 자동으로 할당하는 작업이고, 구문 분석은 문장의 구성 성분 간 관계를 파악하여 문장 구조를 분석하는 과제입니다. 개체명 인식은 텍스트에서 인물, 장소, 기관 등 고유한 개체를 탐지하고 분류하는 과제이며, 언어 모델링은 단어 시퀀스의 확률 분포를 학습하여 언어의 통계적 특성을 포착하는 과제라 할 수 있습니다.

다음으로 생성은 새로운 텍스트를 만들어내는 과제들을 의미합니다. 기계 번역(Machine Translation), 문서 요약(Text Summarization), 텍스트 생성(Text Generation) 등이 여기에 속하는데요. 기계 번역은 텍스트를 한 언어에서 다른 언어로 자동 변환하는 과제이고, 문서 요약은 긴 텍스트의 주요 내용을 간략하게 추려내는 과제입니다. 텍스트 생성은 주어진 주제나 맥락에 맞는 새로운 텍스트를 만들어내는 과제인데, 최근 GPT-3와 같은 대형 언어 모델의 등장으로 크게 주목받고 있습니다. 창의적 글쓰기부터 코드 생성까지, 텍스트 생성 기술은 매우 광범위한 영역에 활용될 수 있는 잠재력을 지니고 있습니다.

마지막으로 상호작용은 인간과 컴퓨터 간의 자연어 기반 소통과 관련된 과제들을 아우릅니다. 질의응답(Question Answering), 대화 시스템(Dialogue System), 감성 분석(Sentiment Analysis) 등이 대표적인 예시인데요. 질의응답은 주어진 질문에 대해 적절한 답변을 찾아주는 과제이고, 대화 시스템은 챗봇이나 가상 어시스턴트처럼 사용자와 자연스럽게 대화를 나누는 시스템을 일컫습니다. 감성 분석은 텍스트에 내재된 감정이나 의견을 파악하는 과제로, 소셜 미디어 분석이나 고객 리뷰 분석 등에 활발히 활용되고 있습니다.

이처럼 자연어 처리는 언어의 이해, 생성, 상호작용 전반에 걸친 광범위한 과제들을 포괄하고 있습니다. 각 과제는 나름의 고유한 특성과 도전 과제를 지니고 있지만, 근본적으로는 모두 인간의 언어 능력을 컴퓨터로 구현하기 위한 노력의 일환이라고 볼 수 있을 것 같습니다. 자연어 처리가 풀어야 할 난제는 아직도 많지만, 머신러닝, 특히 딥러닝 기술의 발전에 힘입어 최근 눈부신 성과를 거두고 있습니다.

그중에서도 가장 주목할 만한 흐름이 바로 대규모 사전 학습 언어 모델(Pre-trained Language Model)의 등장이 아닐까 싶은데요. BERT, GPT 등으로 대표되는 이들 모델은 방대한 텍스트 데이터로 사전 학습된 후, 여러 하위 과제에 전이되어 활용되는 새로운 패러다임을 열어젖혔습니다. 단순히 개별 과제의 성능을 끌어올리는 데 그치지 않고, 언어에 대한 일반적인 이해 능력을 습득하고 이를 다양한 영역에 활용할 수 있게 되었다는 점에서 큰 의의가 있습니다. 특히 GPT-3와 같은 초대형 모델은 추론과 생성 능력의 측면에서 인간에 버금가는 놀라운 성과를 보여주기도 했습니다.

하지만 이런 성과에도 불구하고 자연어 처리 기술이 인간의 언어 능력을 완벽히 흉내 냈다고 보기는 어려울 것 같습니다. 언어의 모호성과 유연성, 상황 의존성 등 인간 언어가 지닌 본질적 속성을 제대로 다루기에는 여전히 한계가 있기 때문입니다. 맥락에 대한 깊이 있는 이해, 상식적 추론, 창의적 언어 사용 등의 측면에서는 아직 갈 길이 멀다고 할 수 있습니다. 더욱이 윤리적, 사회적 함의에 대한 고민 없이 언어 모델을 무분별하게 활용하는 것은 위험할 수도 있습니다. 편향성의 증폭, 프라이버시 침해, 악의적 언어 생성 등 부작용에 대한 우려의 목소리도 나오고 있는 상황입니다.

따라서 우리에게는 기술적 돌파구를 모색함과 동시에 언어와 언어 기술에 대한 보다 깊이 있는 성찰이 필요해 보입니다. 자연어 처리 기술을 어떤 방향으로 발전시켜야 할지, 그 과정에서 어떤 가치를 지향해야 할지 끊임없이 자문해 볼 필요가 있을 것 같습니다. 기술의 혁신과 인문학적 통찰이 조화를 이룰 때 비로소 진정한 의미의 자연어 처리, 즉 인간다운 언어 소통이 가능해지지 않을까요?

# 언어 모델의 종류
# (GPT, BERT 등)

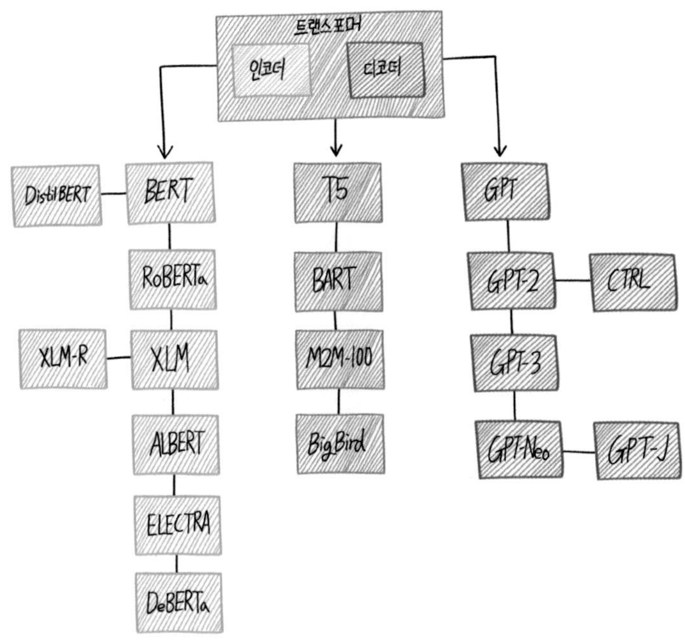


언어 모델의 종류 ©Lynn Kim

지난 절에서 우리는 자연어 처리의 개념과 주요 과제들에 대해 전반적으로 살펴보았습니다. 이번 절에서는 그중에서도 최근 가장 주목받고 있는 '언어 모델(Language Model)', 특히 트랜스포머(Transformer) 아키텍처 기반의 대형 언어 모델들에 대해 본격적으로 알아보고자 합니다. GPT, BERT로 대표되는 이들 모델이 어떤 원리로 동작하며 자연어 처리 분야에 어떤 혁신을 불러일으키고 있는지 자세히 파헤쳐 보도록 하겠습니다.

먼저 언어 모델이란 무엇일까요? 간단히 말해 언어 모델이란 단어 시퀀스의 확률 분포를 추정하는 모델을 의미합니다. 주어진 단어들의 나열에 기반하여, 다음에 등장할 단어가 무엇일지 예측하는 것이 바로 언어 모델의 주된 역할이라고 할 수 있습니다. 좀 더 수식적으로 표현하자면 언어 모델은 단어 시퀀스 $w_1, w_2··· w_n$에 대한 결합 확률 분포 $P(w_1, w_2··· w_n)$를 모델링하는 것이 목표라 할 수 있습니다.

전통적으로는 n-gram 모델이 언어 모델의 주류를 이루었습니다. n-gram 모델은 n개의 연속된 단어를 하나의 단위로 취급하여, 각 단어가 이전 n-1개 단어에 의해 결정된다고 가정하는 모델인데요. 간단하지만 꽤 효과적인 방법이었죠. 하지만 n이 커질수록 모델 복잡도가 기하급수적으로 증가하고, 장기 의존성을 포착하기 어렵다는 단점이 있었습니다. 또한 n-gram에 포함되지 않은, 미처 보지 못한 단어 조합을 다루기 힘들다는 한계도 있었죠.

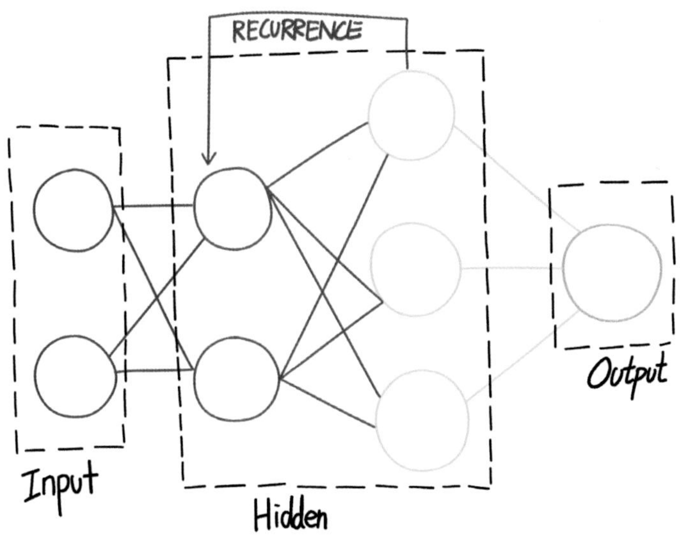


RNN(Recurrent Neural Network) ©Lynn Kim

이러한 전통적 언어 모델의 한계를 극복하고자 등장한 것이 바로 신경망 기반의 언어 모델입니다. 초기에는 얕은 피드포워드 신경망이나 RNN(Recurrent Neural Network) 계열의 모델들이 주를 이루었는데요. RNN은 이전 시점의 은닉 상태를 다음 시점의 입력으로 활용함으로써 시퀀스 데이터를 효과적으로 모델링할 수 있다는 장점이 있었죠. 특히 LSTM(Long Short-term Memory)이나 GRU(Gated Recurrent Unit)와 같이 경사 소실/폭발 문제를 완화한 모델들은 더 긴 문맥을 학습할 수 있게 해 주었습니다.

하지만 RNN 기반 언어 모델 역시 한계에 직면하게 됩니다. 바로 '장기 의존성(Long-term Dependency)' 문제였는데요. 문장이 길어질수록 먼 거리에 있는 단어들 간의 관계를 포착하기 어려워진다는 것이 핵심이었죠. 또한 RNN은 본질적으로 순차적인 구조로 되어 있어 병렬 처리가 어렵고 학습에 오랜 시간이 걸린다는 단점도 있었습니다. 이러한 한계를 극복하고자 등장한 것이 바로 '트랜스포머(Transformer)' 아키텍처였습니다.

트랜스포머는 구글 연구진에 의해 2017년 'Attention is All You Need'라는 논문에서 처음 제안되었는데요. RNN을 완전히 배제하고 어텐션(Attention) 메커니즘에 전적으로 의존하는 새로운 형태의 신경망 구조를 선보였습니다. 트랜스포머의 핵심 아이디어는 단어 간의 장거리 의존성을 직접적으로 모델링한다는 것이었죠. 시퀀스 내 모든 단어들 사이의 관계를 동시에 고려함으로써 먼 거리에 있는 정보도 효과적으로 통합할 수 있게 된 것입니다.

**ref.**

Vaswani, Ashish, et al. "Attention is all you need." Advances in neural information processing systems 30 (2017).

좀 더 구체적으로 트랜스포머의 구조를 들여다보면, 인코더(Encoder)와 디코더(Decoder)로 이루어진 Seq2Seq 구조를 취하고 있습니다. 인코더는 입력 문장을 더 높은 차원의 특징 공간으로 변환하는 역할을 하고, 디코더는 이를 바탕으로 출력 문장을 차례대로 생성해 내는 역할을 담당합니다. 이때 인코더와 디코더 내부에는 셀프 어텐션(Self-Attention)과 피드포워드 신경망이 교대로 쌓여있는 구조를 가지고 있습니다.

셀프 어텐션이란 입력 시퀀스 내 서로 다른 위치에 있는 단어들이 서로 얼마나 관련이 있는지, 얼마나 주목해야 하는지를 학습하는 메커니즘입니다. 쿼리(Query), 키(Key), 값(Value)의 세 가지 벡터를 기반으로 어텐션 스코어를 계산하고, 이를 바탕으로 단어의 표현을 업데이트하는 과정을 거치게 되는데요. 이를 통해 문장 내 장거리에 있는 단어들 사이의 의존 관계도 효과적으로 포착할 수 있게 됩니다. 또한 셀프 어텐션은 행렬 연산을 통해 병렬 처리가 가능하다는 장점도 있습니다.

트랜스포머의 등장은 자연어 처리 분야에 엄청난 파장을 불러일으켰습니다. 기계 번역을 비롯한 다양한 과제에서 획기적인 성능 향상을 이끌어냈고, 무엇보다 대규모 사전 학습 언어 모델의 근간이 되었기 때문입니다. 구글의 BERT(Bidirectional Encoder Representations from Transformers)와 OpenAI의 GPT(Generative Pre-trained Transformer) 시리즈가 바로 트랜스포머 아키텍처를 기반으로 한 대표적인 언어 모델들입니다.

**ref.**

Radford, Alec, et al. "Improving language understanding by generative pre-training." (2018).

BERT는 2018년 구글에서 발표한 사전 학습 언어 모델로, 입력 시퀀스의 양방향 문맥을 모두 고려하여 단어의 표현을 학습하는 것이 특징입니다. 기존의 단방향 언어 모델들과 달리, BERT는 문장 내 임의의 일부 단어들을 마스킹(Masking)한 후 이를 예측하는 방식으로 학습이 이루어지는데요. 이를 통해 앞뒤 맥락을 모두 활용하여 보다 풍부한 단어 표현을 학습할 수 있게 되었죠. BERT는 사전 학습 이후 여러 하위 과제에 미세 조정(Fine-tuning)되어 질의응답, 자연어 추론, 감성 분석 등 다양한 영역에서 혁혁한 성과를 거두었습니다.

**ref.**
Devlin, Jacob, et al. "Bert: Pre-training of deep bidirectional transformers for language understanding." arXiv preprint arXiv:1810.04805 (2018).

GPT는 2018년 OpenAI에서 처음 공개한 사전 학습 언어 모델로, 방대한 텍스트 데이터를 활용해 언어 모델 사전 학습을 수행한 후, 이를 다양한 과제에 전이학습(Transfer Learning)하는 접근 방식을 취하고 있습니다. GPT의 가장 큰 특징은 단방향(Left-to-right) 언어 모델이라는 점인데요. 즉, 이전 단어들만을 고려하여 다음 단어를 예측하는 방식으로 학습이 이루어집니다. 디코더 구조만을 사용한다는 점에서 BERT와 구별되죠. GPT는 텍스트 생성과 관련된 과제, 예컨대 문서 요약, 질의응답, 대화 생성 등에서 두각을 나타냈습니다.

특히 2020년 등장한 GPT-3는 그 규모와 성능 면에서 엄청난 파장을 불러일으켰는데요. 무려 1,750억 개의 파라미터를 가진 GPT-3는 웹 텍스트 데이터를 대규모로 학습함으로써, 일부 과제에서는 사람에 준하는 놀라운 성능을 보여주기도 했습니다. 단순한 텍스트 생성을 넘어 번역, 요약, 코드 생성 등 복잡한 과제도 수행할 수 있을 정도로 범용적인 능력을 갖추게 된 것입니다. GPT-3의 등장으로 자연어 처리 분야는 새로운 전기를 맞이하게 되었다고 해도 과언이 아닐 것 같습니다.

물론 BERT나 GPT-3가 자연어 처리의 모든 문제를 해결했다고 보기는 어려울 것 같습니다. 여전히 강건성(Robustness), 일반화 가능성(Generalization), 설명 가능성(Interpretability) 등의 측면에서는 한계를 지니고 있기 때문입니다. 뿐만 아니라 편향성(Bias)이나 프라이버시, 윤리 문제 등도 간과할 수 없는 중요한 이슈입니다. GPT-3와 같은 대형 언어 모델이 악용될 경우 사회적으로 심각한 부작용을 초래할 수 있다는 우려의 목소리도 나오고 있는 상황입니다.

따라서 우리에게는 언어 모델의 성능 향상과 더불어, 그것이 가져올 사회적 영향에 대한 깊이 있는 고민이 요구됩니다. 기술 개발에만 몰두할 것이 아니라 기술의 윤리적 활용과 사회적 책임에 대해서도 함께 논의해 나가야 할 것 같습니다. 또한 인간과 언어 모델이 협력하며 시너지를 낼 수 있는 방안에 대해서도 진지하게 모색해 볼 필요가 있습니다. 궁극적으로는 인간의 언어 능력과 창의성을 확장하고 강화하는 방향으로 언어 모델 기술이 발전해 나가기를 기대해 봅니다.

지금까지 우리는 GPT, BERT 등 트랜스포머 기반의 대형 언어 모델들에 대해 알아보았습니다. 어텐션 메커니즘을 통해 장거리 의존성을 효과적으로 포착하고, 대규모 사전 학습을 통해 강력한 언어 이해 및 생성 능력을 갖춘 이들 모델은 자연어 처리 분야에 새로운 지평을 열어가고 있습니다. 앞으로도 언어 모델 기술은 계속해서 진화해 나갈 것입니다. 더 크고 강력한 모델, 더 효율적이고 경량화된 모델, 그리고 윤리성과 공정성이 담보된 모델을 향한 노력이 활발히 이어질 것으로 기대됩니다.

다음 절에서는 이러한 언어 모델의 실제 활용 사례에 대해 좀 더 자세히 살펴보도록 하겠습니다. 기계 번역, 텍스트 요약, 질의응답 등 다양한 자연어 처리 과제에서 언어 모델이 어떻게 적용되고 있는지 구체적인 예시와 함께 알아보겠습니다.

# 프롬프트 엔지니어링 기법

최근 자연어 처리 분야에서 큰 주목을 받고 있는 '프롬프트 엔지니어링(Prompt Engineering)'에 대해 알아보고자 합니다. GPT-3로 대표되는 대형 언어 모델의 등장과 함께 그 중요성이 주목받고 있는 프롬프트 엔지니어링은, 언어 모델과 효과적으로 상호작용하기 위한 입력 설계 기법이라고 할 수 있는데요. 어떤 원리로 작동하며 실제로 어떻게 활용될 수 있는지, 구체적인 사례와 함께 살펴보도록 하겠습니다.

먼저 프롬프트 엔지니어링의 개념부터 짚어보겠습니다. 프롬프트(Prompt)란 언어 모델에 입력으로 주어지는 텍스트 시퀀스를 의미합니다. 전통적인 자연어 처리 과제에서는 입력 데이터가 고정되어 있는 경우가 많았지만, GPT-3와 같은 대형 언어 모델에서는 프롬프트를 통해 과제를 유연하게 정의하고 수행할 수 있게 되었죠. 즉, 적절한 프롬프트를 설계함으로써 언어 모델이 원하는 방식대로 동작하도록 유도할 수 있게 된 것입니다.

그렇다면 프롬프트는 어떻게 설계해야 할까요? 이는 결코 간단한 문제가 아닙니다. 같은 과제라 하더라도 프롬프트를 어떻게 구성하느냐에 따라 언어 모델의 성능이 크게 달라질 수 있기 때문입니다. 단순히 과제 지시문을 입력하는 것 이상의 체계적이고 전략적인 접근이 필요한데, 이를 위한 일련의 기법들을 통칭하여 프롬프트 엔지니어링이라 부르게 된 것입니다.

프롬프트 엔지니어링의 가장 기본적인 아이디어는, 프롬프트에 과제 수행에 필요한 정보와 지식을 최대한 명시적으로 제공하는 것입니다. 단순히 질문을 던지는 것이 아니라, 관련 배경지식이나 샘플 응답 등을 함께 제시함으로써 언어 모델이 보다 정확하고 구체적으로 반응하도록 유도하는 것입니다. 이를 '정보성 프롬프트(Informative Prompt)'라고 부릅니다. 일종의 퍼스널 트레이닝과 같은 개념이라 할 수 있습니다.

예를 들어 영화 리뷰 감성 분석 과제를 수행하고자 할 때, 단순히 "이 영화 리뷰의 감성은 무엇인가요?"라고 묻는 것보다는 "다음 영화 리뷰에 대해, 그 감성이 긍정적인지 부정적인지 판단해주세요. 영화 리뷰: …"와 같이 과제의 정의와 입출력 형식을 명시적으로 제시하는 것이 더 효과적일 수 있습니다. 나아가 "긍정 리뷰 예시: …, 부정 리뷰 예시: …"처럼 샘플 응답을 함께 제공한다면 언어 모델은 훨씬 더 구체적이고 정확한 판단을 내릴 수 있게 됩니다.

프롬프트 엔지니어링의 또 다른 중요한 기법으로는 'Few-shot Learning'을 들 수 있습니다. 이는 소량의 예시 데이터만을 활용하여 언어 모델을 특정 과제에 적응시키는 방법인데요. 프롬프트 내에 해당 과제의 입출력 예시를 몇 개 포함시킴으로써, 언어 모델이 과제의 패턴을 학습하고 유사한 방식으로 응답하도록 유도하는 것이 핵심입니다. 기존의 지도 학습 방식과 달리 대규모 데이터가 필요 없다는 것이 가장 큰 장점이라 할 수 있습니다.

가령 "원인과 결과" 관계를 묻는 질문에 대해, "질문: 숲에 나무가 많아졌다. 결과: 공기가 깨끗해졌다. ₩n질문: 교통 체증이 심해졌다. 결과:"와 같은 프롬프트를 주면, 언어 모델은 "자동차 배기가스 배출량이 증가했다." 등의 적절한 응답을 생성해 낼 수 있게 됩니다. 이처럼 Few-shot Learning은 프롬프트 엔지니어링의 강력한 도구 중 하나로 자리매김하고 있습니다.

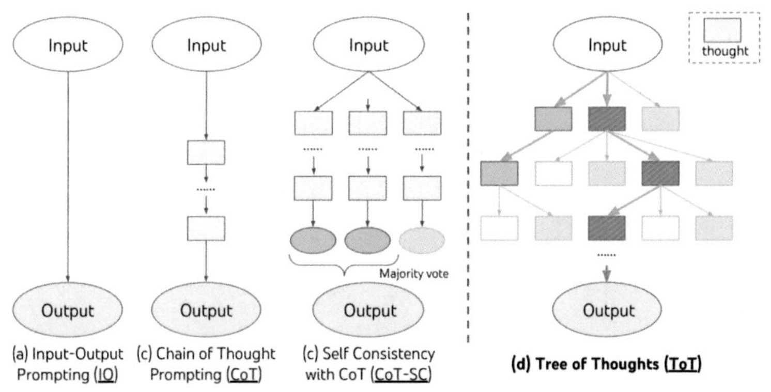


Tree of Thoughts 프레임워크(ref. Yao, Shunyu, et al. "Tree of thoughts: Deliberate problem solving with large language models." Advances in Neural Information Processing Systems 36 (2024).)

이 외에도 'Chain-of-Thought Prompting'이나 'Zero-shot CoT', 'Self-Consistency' 등 다양한 프롬프트 엔지니어링 기법들이 활발

히 연구되고 있는데요. 이들은 주로 복잡한 추론 과제에서 언어 모델의 성능을 끌어올리기 위해 고안된 방법들입니다. 프롬프트에 단계별 추론 과정을 명시하거나, 다수의 문제 해결 경로를 생성한 후 그 일관성을 평가하는 등의 아이디어를 활용하고 있습니다. 프롬프트 엔지니어링 기술의 발전은 GPT-3와 같은 범용 언어 모델의 잠재력을 극대화하는 데 있어 매우 중요한 역할을 하고 있습니다.

그렇다면 프롬프트 엔지니어링은 실제로 어떤 분야에서 활용될 수 있을까요? 그 가능성은 무궁무진해 보입니다. 먼저 기업에서는 고객 서비스 챗봇, 맞춤형 콘텐츠 생성, 데이터 분석 자동화 등에 프롬프트 엔지니어링을 활용할 수 있을 것 같습니다. 적절한 프롬프트 설계를 통해 언어 모델을 각 과제에 최적화함으로써, 업무 효율성과 사용자 경험을 크게 향상시킬 수 있을 것으로 기대됩니다.

교육 분야에서도 프롬프트 엔지니어링의 활용 가치는 매우 높아 보입니다. 학습자의 수준과 관심사에 맞는 개인 맞춤형 학습 콘텐츠를 제작하거나, 지능형 튜터링 시스템을 개발하는 데 있어 프롬프트 엔지니어링이 핵심적인 역할을 할 수 있을 것 같습니다. 나아가 창의적인 글쓰기나 문제 해결 능력을 기르는 데에도 언어 모델과의 상호작용이 큰 도움이 될 수 있습니다.

뿐만 아니라 예술, 과학, 공학 등 다양한 분야에서도 프롬프트 엔지니어링의 가능성이 타진되고 있습니다. 작가나 창작자들은 언어 모델과의 협업을 통해 새로운 영감을 얻고 아이디어를 발전시켜 나갈 수 있고, 연구자들은 방대한 문헌을 효과적으로 탐색하고 가설을 생성하는 데 언어 모델을 활용할 수 있습니다. 또한 복잡한 시스템을 설계하거나 문제를 해결하는 데 있어서도 언어 모델과의 대화가 큰 도움이 될 수 있을 것으로 기대됩니다.

물론 프롬프트 엔지니어링이 가진 한계와 과제도 분명 존재합니다. 무엇보다 윤리적 문제에 대한 고민이 필요해 보이는데요. 프롬프트 설계 과정에서 의도치 않게 편향이 개입될 수 있고, 이를 통해 생성된 결과물이 사회적 악영향을 미칠 수 있다는 점은 간과할 수 없는 위험 요소라 할 수 있습니다. 또한 프롬프트 엔지니어링 자체가 전문적인 기술로 자리 잡으면서 정보 격차와 불평등 문제가 대두될 수도 있을 것 같습니다.

따라서 우리에게는 프롬프트 엔지니어링의 기술적 진보와 더불어, 그에 수반되는 사회적 문제들에 대한 진지한 성찰과 논의가 요구된다고 할 수 있습니다. 윤리 원칙과 가이드라인을 수립하고, 잠재적 위험 요소들을 면밀히 분석하여 선제적으로 대응해 나가는 자세가 필요할 것 같습니다. 기술 개발자, 정책 입안자, 시민 사회 등 다양한 이해관계자들이 참여하는 열린 대화를 통해 지속 가능한 프롬프트 엔지니어링 생태계를 만들어 나가야 할 것입니다.

프롬프트 엔지니어링은 이제 막 그 가능성을 펼쳐 보이기 시작한 신생 분야라 할 수 있습니다. GPT-3로 대표되는 대형 언어 모델의 잠재력을 최대한 끌어내는 동시에, 그 과정에서 수반되는 기술적, 사회적 도전 과제들을 슬기롭게 헤쳐 나가는 것이 우리 앞에 놓인 과업이라 하겠습니다. 프롬프트 엔지니어링의 학문적 정교화와 더불어, 건전하고 지속 가능한 기술 활용 문화를 만들어 나가는 데 있어 우리 모두의 지혜와 노력이 필요한 시점이라고 생각합니다.

지금까지 프롬프트 엔지니어링의 개념과 주요 기법, 그리고 활용 사례에 대해 살펴보았습니다. 아직은 초기 단계에 있지만 프롬프트 엔지니어링은 인공지능 기술과 인간의 창의성이 만나는 접점에서, 광범위한 분야에 걸쳐 혁신을 불러일으킬 잠재력을 지니고 있다고 확신합니다. 앞으로도 이 분야의 발전 동향을 면밀히 주시하고, 우리 사회에 긍정적인 영향을 미칠 수 있는 활용 방안들을 함께 모색해야 하겠습니다.

# 4장

# 컴퓨터 비전과 이미지 생성 모델

해당 이미지는 Midjourney --v 6.0으로 제작하였습니다.

# 컴퓨터 비전의 주요 과제

지난 장까지 우리는 자연어 처리 분야에서의 생성 모델, 즉 텍스트 데이터를 다루는 언어 모델에 대해 살펴보았습니다. 이번 장에서는 시각 데이터, 특히 이미지를 다루는 컴퓨터 비전 분야로 그 관심을 옮겨보려 합니다. 최근 DALL-E, Stable Diffusion 등 강력한 이미지 생성 모델들이 등장하면서 컴퓨터 비전 분야에서도 생성 모델이 크게 주목받고 있는데요. 이들 모델이 구체적으로 어떤 방식으로 작동하는지 알아보기에 앞서, 컴퓨터 비전 분야의 주요 과제들에는 어떤 것들이 있는지부터 간단히 정리해 보겠습니다.

컴퓨터 비전(Computer Vision)이란 인간의 시각 체계와 인지 능력을 컴퓨터로 구현하고자 하는 인공지능의 한 분야를 말합니다. 쉽게 말해 컴퓨터가 이미지나 영상으로부터 유용한 정보를 추출하고, 그 내용을 이해하고 해석할 수 있도록 하는 것이 컴퓨터 비전의 목표라고 할 수 있습니다. 자율주행차의 물체 인식, 얼굴 인식을 통한 본인 인증, CT 영상 기반 질병 진단 등 우리 삶 속 다양한 영역에서 컴퓨터 비전 기술이 활용되고 있습니다.

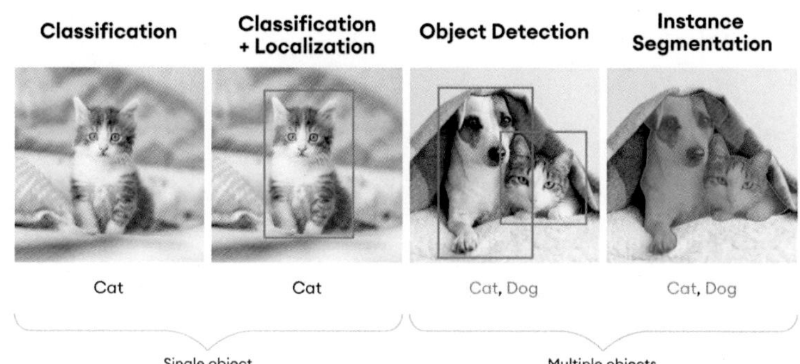


이미지 분류 예

그렇다면 컴퓨터 비전 분야에서는 구체적으로 어떤 문제들을 다루고 있을까요? 크게 인식(Recognition), 감지(Detection), 분할(Segmentation), 그리고 생성(Generation)의 네 가지 범주로 분류해 볼 수 있을 것 같습니다.

먼저 인식 과제는 주어진 이미지가 어떤 범주에 속하는지 분류하는 문제를 다룹니다. 가장 기본적인 형태는 이미지 분류(Image Classification)인데요. 예를 들어 입력된 이미지가 개인지 고양이인지 구분하는 것이 이미지 분류의 전형적인 예시라 할 수 있습니다. 인식의 또 다른 중요한 과제로는 얼굴 인식(Face Recognition)을 들 수 있는데요. 이는 이미지 속 얼굴의 정체를 파악하는 문제로, 본인 인증이나 범죄자 식별 등에 활용되고 있습니다.

다음으로 감지 과제는 이미지 내에서 관심 대상의 위치를 찾아내는 문제를 다룹니다. 가장 대표적인 것이 객체 감지(Object Detection)인데요. 이미지 속에서 사람, 자동차, 건물 등 특정 객체의 위치를 찾아 바운딩 박스(Bounding Box)로 표시하는 것이 객체 감지의 주된 목표라 할 수 있습니다. 최근에는 YOLO, SSD 등 실시간 객체 감지를 위한 경량화된 모델들도 활발히 연구되고 있습니다. 또한 랜드마크 감지(Landmark Detection), 행동 인식(Action Recognition) 등도 감지의 범주에 포함시킬 수 있습니다.

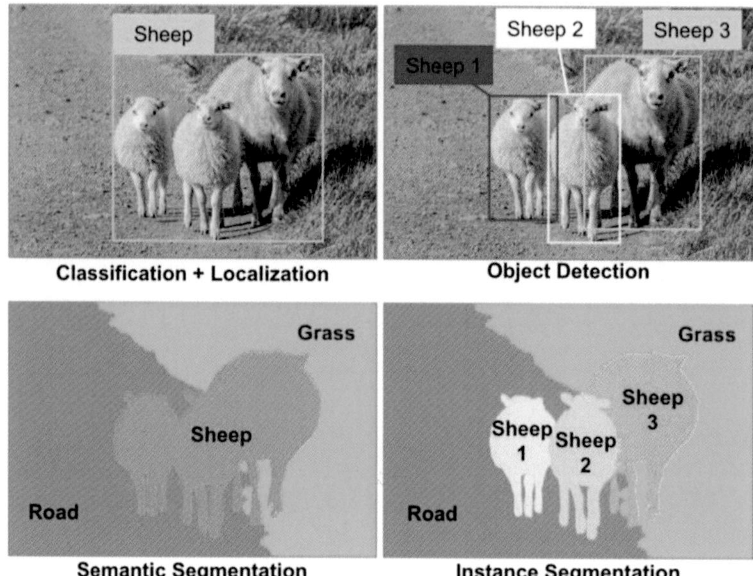


시맨틱 분할(Semantic Segmentation)과 인스턴스 분할(Instance Segmentation)

분할 과제는 이미지를 픽셀 단위로 분류하는 문제를 다룹니다. 시맨틱 분할(Semantic Segmentation)의 경우 이미지의 모든 픽셀을 미리 정의된 클래스(예: 하늘, 나무, 차량 등)로 분류하는 것이 목표인 반면, 인스턴스 분할(Instance Segmentation)은 각각의 객체 인스턴스를 구별하여 분할하는 것에 초점을 맞춥니다. 최근에는 Mask R-CNN, DeepLab 등 정교한 분할 모델들이 제안되어 자율 주행,

의료 영상 분석 등의 분야에서 큰 주목을 받고 있습니다.

마지막으로 최근 크게 부상하고 있는 생성 과제에 대해 살펴보겠습니다. 생성 과제는 기존 이미지를 변환하거나 새로운 이미지를 창작해 내는 문제를 다루는데요. 대표적으로는 이미지 변환(Image Translation), 초해상도(Super-Resolution), 이미지 합성(Image Synthesis) 등이 있습니다. 이미지 변환은 한 도메인의 이미지를 다른 도메인의 이미지로 변환하는 것으로, 대표적으로 CycleGAN 등의 모델이 제안되었습니다. 초해상도는 저해상도 이미지를 고해상도로 변환하는 기술이고, 이미지 합성은 텍스트 등의 입력을 바탕으로 완전히 새로운 이미지를 생성해 내는 과제를 말합니다.

이 외에도 이상치 감지(Anomaly Detection), 자세 추정(Pose Estimation), 스타일 변환(Style Transfer), 3차원 복원(3D Reconstruction) 등 다양한 컴퓨터 비전 과제들이 존재하는데요. 딥러닝의 발전과 함께 새로운 문제 정의와 접근 방식이 계속해서 등장하고 있습니다. 또한 최근에는 멀티모달 학습, 즉 이미지와 텍스트 등 서로 다른 양식의 데이터를 통합적으로 다루려는 시도도 활발히 이루어지고 있습니다.

이렇듯 컴퓨터 비전은 이미지라는 시각 데이터를 이해하고 해석하는 데 있어 굉장히 폭넓고 다채로운 문제들을 다루고 있습니다. 하지만 그 근저에는 인간의 시각 인지 능력을 컴퓨터로 구현하고자 하는 공통된 지향점이 자리하고 있다고 할 수 있습니다. 컴퓨터 비전의 각 과제들은 상호 밀접하게 연관되어 있으며, 각 분야의 발전이 선순환적 구조를 이루며 컴퓨터 비전 전체의 발전을 이끌어가고 있습니다.

특히 최근에는 생성 과제가 크게 주목받으면서, 컴퓨터 비전의 새로운 지평을 열어가고 있는데요. 전통적인 컴퓨터 비전 과제들이 이미지의 이해와 해석에 초점을 맞추었다면, 생성 모델은 그 반대 방향, 즉 주어진 조건을 바탕으로 이미지를 창작해 내는 일에 도전하고 있습니다. 마치 인간 화가가 창의적인 그림을 그려내듯이 말입니다. 이는 컴퓨터 비전의 영역을 단순 인식의 차원을 넘어 창조의 영역으로 확장시켜 줄 혁신적인 기술로 평가받고 있습니다.

물론 아직 완전한 수준은 아닙니다. 생성된 이미지의 자연스러움과 다양성, 언어 표현과의 정합성 측면에서는 여전히 한계를 드러내고 있습니다. 그 근간이 되는 데이터의 편향성 문제, 저작권 및 윤리 이슈 등도 간과할 수 없는 도전 과제로 남아 있습니다. 또한 이미지 생성 기술을 예술, 디자인 등 실제 응용 분야에 적용하는 데 있어서도 아직 해결해야 할 숙제들이 산적해 있는 것이 사실입니다.

그럼에도 컴퓨터 비전, 특히 생성 모델 분야는 현재 가장 역동적으로 발전하고 있는 인공지능 연구 영역 중 하나라고 할 수 있을 것 같습니다. 딥러닝 기술의 발전과 대규모 데이터의 확보, 그리고 창의적인 문제 정의와 도전이 어우러지며 눈부신 성과들을 쏟아내고 있거든요. 텍스트 입력을 받아 광고 이미지를 만들어낸다거나, 저해상도 의료 영상을 선명하게 복원해 낸다거나 하는 식의 실용적인 활용 사례들도 점차 늘어나고 있는 추세입니다.

앞으로도 컴퓨터 비전과 생성 모델 기술은 계속해서 진화해 나갈 것입니다. 인간 수준을 뛰어넘는 고해상도 이미지 생성, 실시간 영상 편집 및 합성, 3차원 장면 이해와 렌더링 등 기술의 지평은 나날이 확장되고 있습니다.

# 이미지 생성 모델의 종류와 특징

지난 절에서 우리는 컴퓨터 비전 분야의 주요 과제들에 대해 살펴보았습니다. 인식, 감지, 분할 등 전통적인 문제들과 더불어, 최근 각광받고 있는 이미지 생성 과제에 대해서도 간략히 짚어보았는데요. 이번 절에서는 이러한 이미지 생성 분야의 핵심 기술인 '이미지 생성 모델'에 대해 좀 더 깊이 있게 알아보고자 합니다. DALL-E, Stable Diffusion 등으로 대표되는 다양한 이미지 생성 모델들은 과연 어떤 원리로 작동하며, 어떤 특징과 한계를 지니고 있을까요? 함께 살펴보도록 하겠습니다.

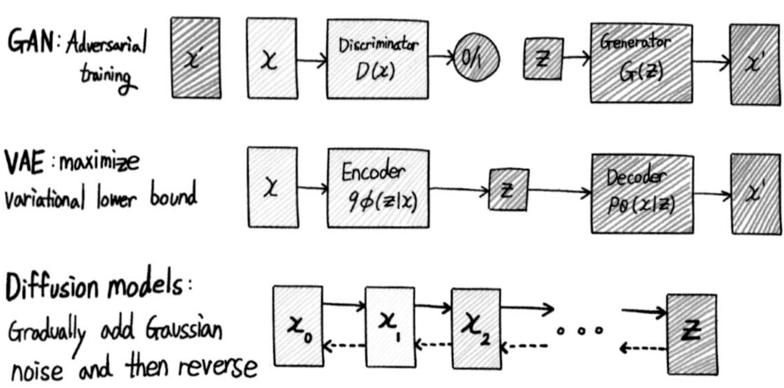


GAN, VAE와 디퓨전 모델 ©Lynn Kim

먼저 최근 가장 큰 주목을 받고 있는 DALL-E와 Stable Diffusion에 대해 자세히 알아보겠습니다. 이들은 모두 딥러닝, 특히 GAN(Generative Adversarial Network)과 확산 모델(Diffusion Model)을 기반으로 한 텍스트 기반 이미지 생성 모델입니다. 즉, 텍스트 입력을 받아 그에 상응하는 이미지를 생성해 내는 것이 이들 모델의 주된 역할인 셈입니다.

DALL-E는 OpenAI에서 2021년 발표한 이미지 생성 모델로, GPT-3를 기반으로 한 자기회귀 변환기(Autoregressive Transformer) 구조를 채택하고 있습니다. 대략 2500만 장의 이미지-텍스트 쌍

**OpenAI Dall E 3**

https://openai.com/dall-e-3

으로 학습된 DALL-E는, 사용자가 입력한 텍스트 프롬프트에 맞는 이미지를 생성해 내는 것을 목표로 합니다. 예를 들어 "An armchair in the shape of an avocado"라는 텍스트를 입력하면 아보카도 모양의 안락의자 이미지를 생성해 내는 식입니다. DALL-E의 가장 큰 특징은 높은 이미지 품질과 텍스트 정합성을 보여준다는 점인데요. 사용자의 텍스트 입력을 세밀하게 반영하여 매우 사실적이고 창의적인 이미지를 만들어낼 수 있습니다.

Stable Diffusion은 Stability AI에서 2022년 공개한 오픈소스 이미지 생성 모델로, 잠재 확산 모델(Latent Diffusion Model)에 기반하고 있습니다. Stable Diffusion의 학습에는 LAION-5B라는 대규모 이미지-텍스트 데이터셋이 활용되었는데요. DALL-E와 마찬가지로 텍스트 프롬프트를 입력받아 그에 상응하는 이미지를 생성하는 것이 주된 기능입니다. 다만 Stable Diffusion은 DALL-E에 비해 모델 규모가 작고 오픈소스로 공개되어 있어, 누구나 쉽게 접근하고 활용할 수 있다는 점이 특징입니다. 또한 이미지의 스타일을 제어하거나 원본 이미지를 편집하는 것도 가능해, 응용 범위가 매우 넓은 편입니다.

**ref.**

Rombach, Robin, et al. "High-resolution image synthesis with latent diffusion models." Proceedings of the IEEE/CVF conference on computer vision and pattern recognition. 2022.

DALL-E와 Stable Diffusion의 이면에는 이들을 가능케 한 인공지능 기술들이 자리하고 있는데요. 무엇보다 GAN과 확산 모델의 발전이 이미지 생성 모델의 핵심 동력이 되어 주었다고 할 수 있습니다. GAN은 생성자(Generator)와 판별자(Discriminator)의 적대적 경쟁을 통해 고품질의 이미지를 생성하는 기술로, 이미지 생성 분야에 혁신을 불러일으킨 바 있습니다. BigGAN, StyleGAN 등 GAN 기반 모델들은 이미지의 사실성과 다양성 측면에서 괄목할 만한 성과를 보여주었습니다.

한편 확산 모델은 이미지 생성을 점진적인 노이즈 제거 과정으로 모델링하는 새로운 접근법입니다. 노이즈가 가미된 이미지에서 출발해 단계적으로 노이즈를 제거해 나감으로써 원본 이미지의 확률 분포를 학습하게 되는 것입니다. 최근에는 DDPM(Denoising Diffusion Probabilistic Models), DALL-E 2, Imagen 등 확산 모델에 기반한 강력한 이미지 생성 모델들이 속속 등장하고 있는데요. 이들은 GAN에 비해 학습이 안정적이고 다양한 도메인의 이미지를 다룰 수 있다는 장점이 있습니다.

물론 DALL-E나 Stable Diffusion도 완벽한 것은 아닙니다. 여전히 복잡하고 추상적인 개념을 표현하는 데에는 한계가 있고, 때로는 이상한 결과물을 내놓기도 합니다. 학습 데이터의 편향성이 모델에 그대로 반영된다는 점, 저작권이나 프라이버시 침해 등의 윤리적 이슈도 간과할 수 없는 문제입니다. 특히 딥페이크(Deepfake) 등에 악용될 소지가 있다는 점은 우리 사회가 진지하게 고민해 봐야 할 대목이 아닐까 싶습니다.

하지만 분명한 것은 DALL-E, Stable Diffusion으로 대표되는 최신 이미지 생성 모델들이 커다란 가능성을 내포하고 있다는 사실입니다. 이들은 단순히 이미지를 모방하는 차원을 넘어, 인간의 창의력에 버금가는 수준의 이미지를 만들어낼 수 있게 해 주었죠. 예술, 디자인 등 창작 분야에서 새로운 영감을 불어넣어 줄 혁신적인 도구로서 주목받고 있는 것도 이 때문입니다. 상업적 활용 가치 또한 매우 높게 평가되고 있는데요. 광고, 마케팅, 게임 등 다양한 산업 분야에서 이미지 생성 기술을 적극 도입하려는 시도가 이어지고 있습니다.

이 외에도 다양한 유형의 이미지 생성 모델들이 존재하는데요. 오토인코더(Autoencoder) 기반의 VAE(Variational Autoencoder)나 흐름 기반 모델(Flow-based Model) 등이 대표적입니다. VAE는 인코더-디코더 구조를 통해 이미지의 잠재 표현을 학습하고, 이를 바탕으로 새로운 이미지를 생성하는 모델입니다. 흐름 기반 모델은 가역적 매핑을 통해 이미지의 확률 분포를 명시적으로 모델링하는 접근법을 취하고 있고요. 이들은 GAN이나 확산 모델과는 또 다른 장단점을 지니고 있어, 활용 목적에 따라 적절히 선택되어 사용되곤 합니다.

최근에는 DALL-E나 Stable Diffusion처럼 거대 언어 모델과의 결합을 통해 텍스트 기반 이미지 생성 성능을 대폭 끌어올린 모델들이 주류를 이루고 있지만, 그 이전에도 AttnGAN, StackGAN 등 텍스트 정보를 활용한 이미지 생성 모델들이 꾸준히 연구되어 왔답니다. 또한 텍스트 외에도 시맨틱 맵(Semantic Map), 스케치

(Sketch) 등 다양한 입력 정보를 바탕으로 이미지를 생성하는 모델들도 제안되고 있습니다. 앞으로도 이러한 다종 입력을 활용한 멀티모달 생성 모델의 발전이 기대되는 상황입니다.

그렇다면 이러한 이미지 생성 모델들은 어떤 곳에 활용될 수 있을까요? 앞서 언급했듯 예술, 디자인 분야에서의 창작 도구로서의 가치가 매우 클 것으로 보입니다. 작가나 디자이너들이 아이디어를 시각화하고 구체화하는 데 있어 이미지 생성 모델은 커다란 도움을 줄 수 있을 것 같습니다. 콘텐츠 제작 분야에서도 마찬가지인데요. 영화나 애니메이션, 게임 등에서 배경 디자인, 캐릭터 디자인 등에 활용된다면 제작 시간과 비용을 크게 절감할 수 있을 겁니다.

나아가 이러한 이미지 생성 기술은 일상생활에도 스며들어 우리의 삶을 윤택하게 만들어 줄 잠재력을 지니고 있습니다. 쇼핑몰에서 옷을 구매할 때 가상으로 입어보는 것부터, SNS에 올릴 사진을 자동으로 보정하고 꾸며주는 것까지. 교육 분야에서는 어린이들의 상상력을 자극하고 시각화하는 도구로 활용될 수도 있을 것 같고요. 의료나 제조업 같은 전문 분야에서도 데이터 시각화나 이상 탐지 등에 적용된다면 업무 효율성을 크게 높일 수 있지 않을까요?

물론 기술의 발전만큼이나 중요한 것은 그것을 어떻게 현명하게 사용할 것인가 하는 문제의식이라고 생각합니다. 창의성 증진과 표현의 다양성 확대라는 순기능과 함께, 가짜 정보 확산, 저작권 침해 등의 역기능에 대해서도 진지하게 고민해야 할 때죠. 기술 개발자로서는 책임감을 가지고 내재된 편향성을 최소화하기 위해 노력해야 할 것이고, 정책 당국은 건전한 기술 활용을 뒷받침할 제도적 장치를 마련해 나가야 할 것입니다. 무엇보다 우리 모두가 윤리의식을 갖추고 기술을 현명하게 사용하고자 하는 자세가 필요하다고 느껴집니다.

지금까지 DALL-E, Stable Diffusion을 중심으로 이미지 생성 모델의 종류와 특징에 대해 살펴보았습니다. GAN, 확산 모델 등의 인공지능 기술이 이들의 기반이 되고 있으며, 거대 언어 모델과의 결합을 통해 그 성능이 비약적으로 향상되었다는 점을 확인할 수 있었죠. 텍스트 기반 이미지 생성이라는 혁신적인 패러다임을 제시한 이들 모델은, 예술과 산업, 그리고 일상에 이르기까지 광범위한 영역에서 크나큰 영향력을 발휘할 것으로 예상됩니다.

하지만 우리가 마냥 장밋빛 미래만을 그리면서 이 기술을 바라보아서는 안 될 것 같습니다. 오히려 기술이 가진 한계와 부작용을 직시하고, 지속 가능한 발전 방향을 모색해 나가는 지혜가 필요한 시점이라고 생각합니다. DALL-E나 Stable Diffusion으로 대표되는 이미지 생성 기술이, 궁극적으로는 인간의 창의성을 확장하고 우리 사회를 더 나은 곳으로 만드는 데 기여할 수 있기를 소망해 봅니다.

# 이미지 편집과 변환 기술

지금까지 우리는 DALL-E, Stable Diffusion 등 최신 이미지 생성 모델들의 종류와 특징에 대해 알아보았습니다. 텍스트 입력을 바탕으로 창의적인 이미지를 생성해 내는 이들 모델은 컴퓨터 비전 분야의 새로운 지평을 열어가고 있습니다. 하지만 이미지 생성 기술의 스펙트럼은 여기에 그치지 않습니다. 오늘날 이미지를 편집하고 변환하는 다양한 기술들 또한 눈부신 발전을 거듭하고 있는데요. 이번 절에서는 이러한 이미지 편집 및 변환 기술의 세계를 소개하고자 합니다.

먼저 이미지 편집 기술부터 살펴볼까요? 사진이나 그림에서 원하는 부분만 선택해서 수정하거나, 다른 이미지의 특정 요소를 붙여 넣는 등의 작업을 가리키는데요. 전통적으로는 포토샵과 같은 전문 편집 도구를 활용해 수작업으로 이루어지는 경우가 많았습니다. 하지만 최근에는 인공지능 기술의 발전에 힘입어 이런 편집 작업을 자동화하려는 시도들이 활발히 이루어지고 있습니다.

이미지 인페인팅(ref. He, L.; Qiang, Z.; Shao, X.; Lin, H.; Wang, M.; Dai, F. Research on High-Resolution Face Image Inpainting Method Based on StyleGAN. Electronics 2022, 11, 1620. https://doi.org/10.3390/electronics11101620)

대표적인 예로 이미지 인페인팅(Image Inpainting)을 들 수 있습니다. 이미지의 일부가 손상되거나 지워진 경우, 그 부분을 주변 픽셀들의 정보를 바탕으로 자연스럽게 채워 넣는 기술인데요. 초기에는 주로 손상된 오래된 사진을 복원하는 데 활용되었지만, 요즘에는 원치 않는 객체를 제거하거나 이미지를 원하는 방식으로 편집하는 데에도 널리 쓰이고 있습니다. GAN 기반의 DeepFillv2, Stable Diffusion을 활용한 Inpaint SDK 등 다양한 인페인팅 모델들이 개발되어 왔죠.

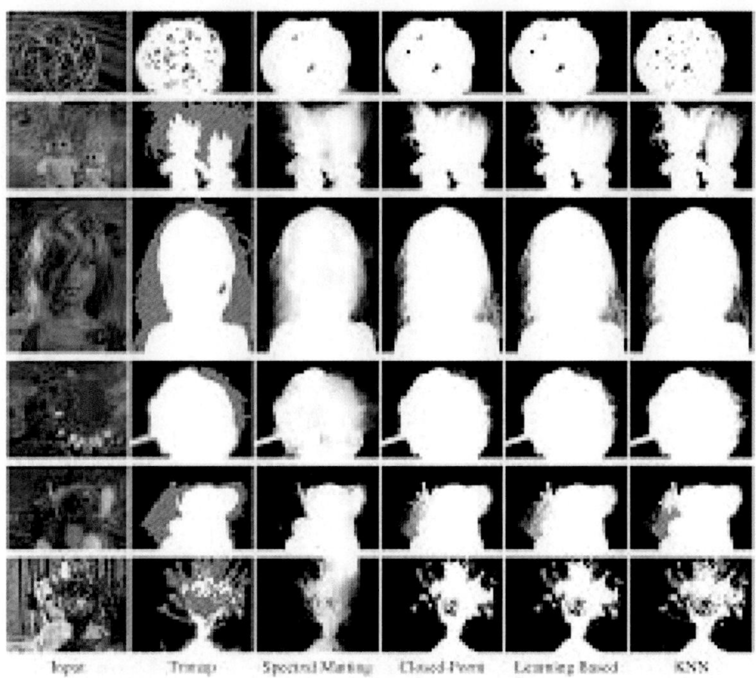


이미지 매팅(ref. Chen, Qifeng et al. "KNN Matting." IEEE Transactions on Pattern Analysis and Machine Intelligence 35 (2013): 2175-2188.)

이미지 매팅(Image Matting)도 주목할 만한 편집 기술 중 하나입니다. 이는 이미지에서 전경과 배경을 분리해 내는 작업을 말하는데요. 특정 객체를 선택하여 다른 배경에 자연스럽게 합성하거나, 앞뒤 깊이 정보를 활용한 블러 처리 등에 활용될 수 있습니다. 전통적으로는 Closed-form Matting, KNN Matting 등의 알고리즘이 사용되어 왔는데요. 최근에는 딥러닝을 활용한 방법들, 예컨대 Deep Image Matting, BGMv2 등의 모델들이 눈에 띄는 성능 향상을 보여줍니다.

content image

style image

generated image

Ancient city of Persepolis

The Starry Night (Van Gogh)

Persepolis
in Van Gogh style

신경 스타일 전이(Neural Style Transfer)

또 하나 흥미로운 편집 기술로는 신경 스타일 전이(Neural Style Transfer)를 꼽을 수 있습니다. 한 이미지의 콘텐츠는 유지하면서 다른 이미지의 스타일을 입히는 기술인데요. 고흐나 모네 등 유명 화가의 그림체를 사진에 적용해 마치 명화를 연상시키는 듯한 효과를 낼 수 있습니다. 초기에 Gatys et al.이 제안한 방법론을 시작으로, 빠른 속도와 높은 품질을 위한 다양한 후속 연구들이 이어졌습니다. 최근에는 SwapStyler, StyleFlow 등 사용자가 원하는 스타일을 세밀하게 제어할 수 있는 모델들도 등장했죠.

다음으로는 이미지 변환 기술에 대해 알아볼까요? 넓은 의미에서 이미지 편집도 일종의 변환이라 할 수 있겠지만, 여기서는 좀 더 특화된 형태의 이미지 간 변환을 가리키는 것으로 볼게요. 예를 들어 스케치를 컬러 이미지로 변환한다거나, 낮 사진을 밤 사진처럼 바꾸는 등의 과제를 생각해 볼 수 있습니다. 이를 위해 개발된 대표적인 기술로는 이미지 변환 네트워크(Image Translation Network)가 있습니다.

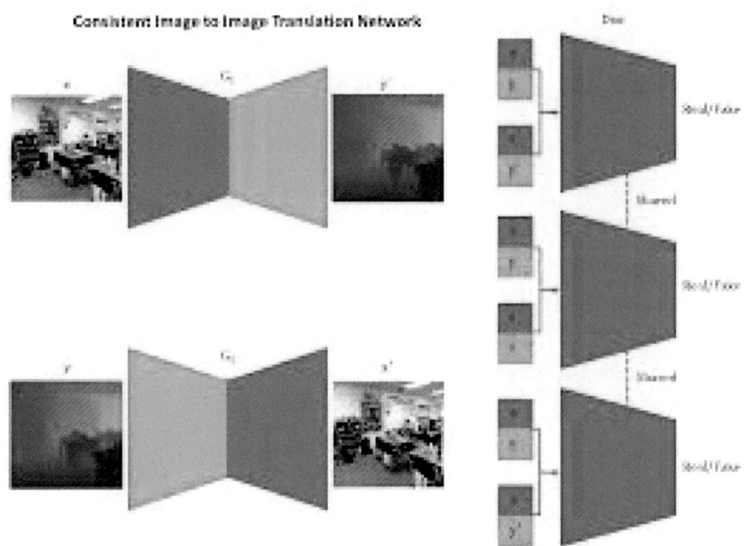


이미지 변환 네트워크(Image Translation Network) (ref. Islam, N.U.; Lee, S.; Park, J. Accurate and Consistent Image-to-Image Conditional Adversarial Network. Electronics 2020, 9, 395. https://doi.org/10.3390/electronics9030395)

초기의 이미지 변환 모델로는 Pix2Pix나 CycleGAN 등을 꼽을 수 있는데요. 전자는 paired 데이터, 즉 입력과 출력 이미지 쌍을 활용해 지도 학습(Supervised Learning)하는 방식인 반면, 후자는 unpaired 데이터를 활용한 비지도 학습(Unsupervised Learning) 방식을 취한다는 점에서 차이가 있습니다. 이들은 한 도메인의 이미지를 다른 도메인의 이미지로 사실적으로 변환하는 놀라운 결과물을 보여주었습니다. 말에서 얼룩말로, 여름 풍경에서 겨울 풍경으로의 변환 등이 대표적인 예시겠습니다.

최근에는 StarGANv2, DRIT++, MUNIT 등 다양한 후속 연구들이 등장하며 이미지 변환 기술에 진전을 이루어내고 있습니다. 특히 여러 도메인을 아우르는 통합 모델을 학습하거나, 스타일과 콘텐츠를 보다 세밀하게 제어할 수 있는 방안 등이 활발히 모색되고 있습니다. 또한 AnycostGAN이나 CoCosNet 등 패턴, 질감 등 특정 속성에 초점을 맞춘 변환 기술들도 제안되었습니다. 스케치를 가방이나 신발 등 특정 제품 이미지로 변환하는 식으로 말입니다.

한편 초해상도(Super-resolution) 기술도 중요한 이미지 변환 과제 중 하나라 할 수 있습니다. 저해상도 이미지를 고해상도로 변환하는 것이 목표인데요. 전통적인 보간법 기반 기술들을 넘어, SRGAN, ESRGAN 등 GAN 기반의 초해상도 모델들이 눈부신 성능을 보여주고 있습니다. 최근에는 실시간 처리나 메모리 효율성 등 실용성 측면에서의 향상도 이루어지고 있는 추세입니다. 저화질 사진을 선명하게 개선하거나 픽셀 아트 게임을 고화질로 즐길 수 있게 되는 등 활용 폭도 나날이 넓어지고 있습니다.

이처럼 이미지 편집 및 변환을 위한 기술은 나날이 발전하고 그 영역을 확장해 나가고 있습니다. 단순히 시각적 품질을 개선하는 차원을 넘어 창의적 표현과 효율적 작업을 가능케 하는 도구로 자리매김하고 있습니다. 특히 컴퓨터 비전과 딥러닝, 그리고 컴퓨터 그래픽스 기술이 융합되며 이전에는 상상하기 어려웠던 기술들이 속속 등장하는 상황입니다.

그렇다면 이러한 기술들은 실제 세계에서 어떻게 활용될 수 있을까요? 무엇보다 콘텐츠 제작 분야에서의 파급력이 상당할 것으로 보입니다. 사진이나 영상 등 시각 미디어 제작 과정에서 자동화와 효율화를 도모할 수 있을 테니까요. 원하는 부분만 쉽게 수정하거나 다양한 효과를 손쉽게 적용해 볼 수 있게 될 것입니다. 나아가 예술이나 엔터테인먼트 분야에서도 창의적 실험을 위한 도구로 활용될 여지가 크겠습니다.

일상 속 활용 사례도 점차 늘어나고 있습니다. 스마트폰 카메라 앱에서 인물사진의 배경을 자유자재로 바꾸거나, 저화질 이미지를 선명하게 개선해 주는 기능 등을 어렵지 않게 접할 수 있게 되었습니다. 쇼핑몰에서도 의류 등의 색상이나 디자인을 실시간으로 바꿔볼 수 있는 서비스가 제공되는 등 이미지 편집 기술이 커머스 영역에서도 접목되고 있는 상황이고요. 의료나 제조 등 전문 분야에서도 영상 개선이나 결함 검출 등에 활용되어 업무 효율성을 높이는 데 기여하고 있습니다.

사진 편집용 소프트웨어로 가장 유명한 어도비사의 포토샵에서도 이와 같은 다양한 인공지능의 기능들을 Adobe Sensei에서 출발해 최근에는 Adobe Firefly로 브랜딩한 어도비 인공지능을 통해 어도비의 모든 애플리케이션에 적극적으로 채용하고 있습니다.

쉽게 말해 다양한 인공지능 기반 이미지 편집 기술과 변환 기술은 우리가 가장 많이 사용하는 어도비 포토샵과 같은 애플리케이션에서 만나볼 수 있는 것입니다.

**어도비 파이어플라이**
https://www.adobe.com/kr/products/firefly.html

다만 기술의 발전이 가져올 부작용에 대해서도 경계를 늦추어서는 안 될 것 같습니다. 악의적인 변조나 조작, 가짜 정보 유포 등에 이미지 편집 기술이 악용될 소지도 있는 만큼, 기술 개발과 함께 윤리적 규범 정립도 병행되어야 할 것입니다. 기술을 연구하고 사용하는 우리 모두가 책임 의식을 가지고 건전한 활용 문화를 만들어 가는 자세가 필요하다고 느껴집니다. AI 기반 편집 기술의 오남용을 막고 창작자의 권리를 보호하기 위한 제도적 방안도 마련되어야 하겠습니다.

이상으로 이미지 편집과 변환을 위한 다양한 기술들에 대해 살펴보았습니다. 인공지능과 컴퓨터 비전 분야의 발전에 힘입어 이제 누구나 손쉽게 이미지를 자신의 의도대로 변형하고 새로운 창작물을 만들어낼 수 있게 되었습니다. 마치 SF 영화에서나 볼 법했던 기술들이 현실이 되어가고 있는 셈입니다. 앞으로도 이 분야의 혁신은 더욱 가속화될 것으로 보입니다.

# 5장

# 기타 분야의 생성형 AI

해당 이미지는 Midjourney --v 6.0으로 제작하였습니다.

# 음성 합성과 음악 생성

지금까지 우리는 시각 정보를 다루는 인공지능 기술, 즉 이미지 생성과 편집 분야의 최신 동향에 대해 살펴보았습니다. 이번 장에서는 청각 정보, 그중에서도 음성과 음악 데이터를 다루는 생성 모델의 세계로 발을 들여보고자 합니다. 최근 음성 합성과 음악 생성 분야에서도 딥러닝 기술의 진전에 힘입어 괄목할 만한 성과들이 쏟아지고 있는데요. 과연 인공지능은 어떻게 사람의 목소리를 모사하고, 나아가 창의적인 음악을 만들어낼 수 있게 된 걸까요? 함께 알아보도록 하겠습니다.

먼저 음성 합성(Speech Synthesis), 혹은 텍스트 음성 변환(Text-to-Speech, TTS)에 대해 살펴볼까요? 텍스트 데이터를 입력받아 그에 상응하는 음성을 생성해 내는 기술을 말하는데요. 전통적으로는 음성의 기본 단위인 음소(Phoneme)를 조합하는 방식이나, 사전에 녹음된 음성 조각을 이어 붙이는 연결 합성(Concatenative Synthesis) 방식 등이 주로 활용되어 왔습니다. 하지만 딥러닝 기술의 발달로 합성 음성의 자연스러움과 다양성이 크게 향상되었죠.

딥러닝 기반 음성 합성의 대표적인 모델로는 구글의 WaveNet을 꼽을 수 있을 것 같습니다. 2016년에 발표된 WaveNet은 당시로서는 획기적인 성능을 보여주며 TTS 분야에 큰 충격을 안겨주었죠. WaveNet의 핵심은 오디오 파형을 직접 모델링한다는 데 있습니다. 즉, 음성 신호를 스펙트로그램 등으로 변환하지 않고 그대로 입력으로 사용하는 것입니다. 여기에 딥러닝의 새로운 구조인 합성곱 신경망(CNN)을 적용하여 장단기 패턴을 효과적으로 학습할 수 있게 했습니다. 그 결과 놀랍도록 사실적이면서도 자연스러운 음성을 합성해 낼 수 있게 된 것입니다.

**ref.**

Oord, Aaron van den, et al. "Wavenet: A generative model for raw audio." arXiv preprint arXiv: 1609.03499 (2016).

WaveNet 이후로도 다양한 후속 모델들이 등장했는데요. Tacotron, DeepVoice, ClariNet 등이 그 대표적인 예시라 할 수 있습니다. 이들은 각기 다른 구조와 학습 방식을 통해 합성 음질을 개선하거나, 합성 속도를 높이는 데 주력해 왔습니다. 최근에는 FastSpeech, FastPitch 등 실시간 합성을 위한 경량 모델들도 활발히 개발되고 있습니다. 또한 다국어 및 다화자 음성 합성, 감정이나 운율을 제어하는 기술 등도 크게 진전을 이루었죠. 이제 텍스트만 입력하면 마치 진짜 사람이 말하는 듯한 자연스러운 음성을 손쉽게 만들어낼 수 있게 된 셈입니다.

음성 합성과 함께 떠오르는 또 다른 재밌는 주제가 음악 생성

(Music Generation)인데요. 악보나 연주 데이터를 학습한 인공지능 모델이 새로운 음악을 작곡하거나 연주하는 기술을 말합니다. 사실 음악과 수학의 관계를 토대로 한 알고리즘 작곡은 꽤 오랜 역사를 가지고 있습니다. 하지만 최근 딥러닝 기술의 발전으로 그 가능성의 지평이 크게 넓어지고 있습니다. 과연 인공지능도 인간 못지않은 창의성과 예술성을 발휘할 수 있을까요? 꽤 흥미로운 질문이 아닐 수 없습니다.

초기의 딥러닝 기반 음악 생성 모델로는 LSTM 등 순환 신경망(RNN) 구조를 활용한 사례들이 대표적이었습니다. 악보나 MIDI 데이터를 학습하여 유사한 스타일의 멜로디나 코드 진행을 만들어내는 식이었죠. 2016년 소니 CSL의 FlowMachines 프로젝트에서 발표한 'Daddy's Car'나 구글의 Magenta 프로젝트에서 선보인 'Continuator' 등이 기억에 남는 사례들입니다. 비록 완벽하다고 보기는 어려웠지만 그래도 충분히 인상적인 결과물들이었다고 생각합니다.

**FlowMachines**
https://www.flow-machines.com/history/press/daddys-car-song-composed-artificial-intelligence-created-sound-like-beatles/

이후 음악 생성 모델은 더욱 정교하고 야심 찬 방향으로 진화해 나가기 시작했습니다. 기존에는 단선율이나 반주 트랙 정도를 만드는 데 그쳤다면, 이제는 화성이나 편곡까지 아우르는 복합적인 작업에 도전하게 된 것입니다. 여기에는 트랜스포머(Transformer) 아키텍처의 등장이 큰 영향을 미쳤다고 볼 수 있습니다. 원래는 자연어 처리를 위해 고안된 구조였지만, 음악에도 적용이 가능하다는 게 밝혀진 것입니다.

대표적인 사례로는 OpenAI의 Jukebox를 들 수 있을 것 같습니다. 2020년 발표된 Jukebox는 가사, 멜로디, 반주를 모두 아우르는 통합 모델인데요. 무려 1백만 시간 분량의 음원 데이터로 학습되었다고 합니다. 그 결과 록, 팝, 재즈, 클래식 등 다양한 장르의 1분 길이 곡을 완곡으로 만들어낼 수 있게 되었죠. 특히 음색이나 창법 등 아티스트의 스타일을 모방하는 능력이 출중했는데요. 마치 엘비스 프레슬리나 프랭크 시내트라가 부른 것 같은 노래를 들려주기도 했죠. 물론 아직 녹음된 음원을 학습한 한계가 있긴 했지만, 그래도 상당히 혁신적인 결과물이었습니다.

**OpenAI Jukebox**
https://openai.com/research/jukebox

비슷한 시기 구글 마젠타 팀의 MusicTransformer도 주목할 만한 성과를 보여줬습니다. 트랜스포머 구조를 활용해 4분 길이의 피아노곡을 작곡하는 데 성공한 것입니다. 작곡가 토마스 슈타이얼스와의 협업을 통해 완성도를 높인 점도 인상적이었습니다. 최근에는 Wave2Midi2Wave, Differentiable Digital Signal Processing(DDSP) 등 음원 변환이나 편집 기술까지 아우르는 시도들도 이어지고 있습니다. 음악 분야에서 인공지능 기술의 활약이 점점 더 두드러지는 상황입니다.

**Google MusicTransformer**
https://research.google/pubs/music-transformer-generating-music-with-long-term-structure/

그렇다면 이런 음성 합성, 음악 생성 기술들은 실제로 어디에 쓰일 수 있을까요? 무엇보다 콘텐츠 제작 분야에서의 파급력이 클 것으로 보입니다. 영화나 애니메이션, 게임 등에서 더빙이나 배경 음악을 제작하는 데 있어 시간과 비용을 크게 절감할 수 있을 테니까요. 특히 개인 창작자들에게는 음성, 음악 생성 기술이 더할 나위 없이 고마운 도구가 되어줄 것입니다. 음악적 재능이 부족하더라도 인공지능의 도움으로 손쉽게 콘텐츠에 필요한 사운드를 얻을 수 있게 될 테니까요.

교육이나 오디오북 분야에서의 활용 가치도 상당할 것 같습니다. 동화책이나 교과서를 오디오북 형태로 제작할 때 음성 합성 기술을 활용한다면 비용을 크게 절감할 수 있습니다. 시각 장애인들을 위한 오디오 콘텐츠 제작에도 큰 도움이 될 것입니다. 최근에는 개인화된 오디오북이나 힐링 음악을 제공하는 서비스들도 등장하고 있습니다. 개개인의 목소리와 취향을 반영한 맞춤형 콘텐츠를 제공하는 것입니다. 이는 교육의 접근성과 개인화 측면에서 상당한 의의가 있다고 봅니다.

이 외에도 AI 스피커나 챗봇 등에서 음성 합성 기술을 접목해 사용자 경험을 개선하는 사례들도 점점 늘어나고 있습니다. 가상 어시스턴트가 사람과 더욱 자연스럽게 대화할 수 있게 되는 것입니다. 최근에는 애완동물의 울음소리를 해석해 주는 서비스도 화제가 되고 있습니다. 음악 분야에서도 인공지능 작곡가와 인간 아티스트의 협업, AI 기반 음악 추천 및 큐레이션 서비스 등 다양한 시도들이 이어지고 있는 상황입니다. 음악은 원래 기술과 밀접한 관련이 있는 예술 장르였지만, 인공지능의 등장으로 그 가능성의 폭이 더욱 확장되고 있다고 할 수 있습니다.

물론 기술 발전에 수반되는 우려의 목소리도 간과할 순 없습니다. 음성 합성 기술이 악용되어 보이스 피싱 등 범죄에 활용될 위험이 있고, 음악 저작권 등 지식재산권 문제를 야기할 수도 있습니다. 윤리적, 법적 규범 정립과 함께 올바른 기술 활용을 위한 사회적 논의가 필요한 시점이라고 봅니다. 기술을 연구하고 개발하는 이들부터가 높은 윤리의식을 갖추는 게 중요하겠습니다. 사회적 신뢰를 얻고 기술에 대한 우려를 해소하는 일이야말로 음성, 음악 AI가 지속 가능한 발전을 이루는 데 있어 핵심 과제가 될 것입니다.

지금까지 우리는 음성 합성과 음악 생성을 중심으로 청각 정보를 다루는 생성 AI 기술에 대해 알아보았습니다. 텍스트를 입력하면 사람의 목소리로 자연스럽게 읽어주고, 멜로디를 흥얼거리기만 하면 멋진 반주를 만들어주는 세상. 불과 몇 년 전만 해도 상상하기 어려웠던 일들이 현실이 되고 있는 셈입니다. 물론 아직 완벽하다고 보긴 어렵습니다. 감정이나 뉘앙스 같은 섬세한 요소를 표현하는 데에는 한계가 있고, 진정한 의미의 창의성을 갖추었다고 보기도 어렵죠. 하지만 분명한 건 기술의 진보 속도가 엄청나게 빨라지고 있다는 사실입니다.

음성과 음악 생성 기술은 앞으로 우리 삶에 점점 더 스며들 것으로 보입니다. 콘텐츠 소비 방식부터 창작 활동, 더 나아가 예술과 기술의 경계에 대한 근본적인 질문까지. 인간만이 누릴 수 있는 고유한 영역이라 여겨졌던 것들에 변화의 바람이 불고 있는 셈입니다. 중요한 건 이 거대한 흐름 속에서 우리가 어떤 자세로 기술을 대할 것인가 하는 문제입니다. 기술의 혜택을 누리되 그에 매몰되지 않는 균형 잡힌 시각, 인간다움의 가치를 잃지 않는 지혜로운 자세가 필요할 때라고 봅니다. 기술이 인간을 대체하는 게 아니라 인간의 역량을 확장하고 삶을 풍요롭게 하는 방향으로 나아가도록 이끌어 가는 게 우리의 몫이 아닐까요.

음성과 음악은 인간의 감성을 자극하고 영혼을 움직이는 강력한 매개체입니다. 인류 역사상 늘 예술의 영역으로 여겨져 왔죠. 이제 인공지능 기술의 물결 속에서 그 경계가 흐려지고 있습니다. 과연 기계도 사람의 마음을 울리는 음성과 음악을 만들어낼 수 있을까요? 깊이 있는 감동과 공감을 이끌어낼 수 있을까요? 쉽게 답하기 어려운 질문들입니다. 하지만 분명한 건 이런 고민 자체가 결국은 인간과 예술, 그리고 기술의 본질을 돌아보게 한다는 사실입니다. 음성, 음악 생성 기술의 진보가 가져다줄 변화의 물결을 우리는 주의 깊게 바라보아야 합니다. 동시에 근본적인 질문을 놓치지 않으려는 성찰의 자세 또한 잊지 말아야 할 것 같습니다.

자, 여기까지 생성형 AI의 주요 분야를 하나하나 살펴보았습니다. 자연어부터 이미지, 음성, 음악에 이르기까지. 딥러닝 기술의 눈부신 발전이 이 모든 영역에서 혁신의 바람을 일으키고 있음을 실감할 수 있었습니다. 그런데 이건 어쩌면 시작에 불과할지도 모릅니다. 앞으로 이 기술들이 어우러지고 융합되면서 우리가 상상하지 못한 새로운 지평을 열어갈 것입니다. 가령 텍스트, 이미지, 음성을 아우르는 멀티모달 모델이 탄생한다거나, 가상과 현실의 경계를 넘나드는 새로운 콘텐츠 형식이 등장할 수도 있습니다.

# 동영상 생성과 편집

지금까지 우리는 자연어, 이미지, 음성, 음악 등 다양한 유형의 데이터를 생성하고 변환하는 AI 기술에 대해 알아보았습니다. 이번에는 한 단계 더 나아가, 시간의 흐름을 담은 데이터인 동영상을 다루는 생성 모델의 세계로 발을 들여보려 합니다. 최근 딥러닝 기술의 발전에 힘입어 동영상 생성과 편집 분야에서도 눈부신 성과들이 쏟아지고 있는데요. 과연 인공지능은 어떻게 움직이는 영상을 만들어내고, 나아가 영화나 애니메이션 같은 창의적 콘텐츠 제작에 이바지할 수 있을까요? 함께 알아보도록 하겠습니다.

동영상 데이터는 정지된 이미지의 연속이라고 볼 수 있습니다. 따라서 동영상 생성 문제는 기본적으로 이미지 생성 과제의 연장선에 있다고 할 수 있는데요. 각 프레임을 차례대로 만들어내되, 프레임 간의 연속성과 일관성을 유지하는 것이 중요한 과제로 대두됩니다. 즉 시간에 따른 변화, 움직임을 자연스럽게 표현할 수 있어야 하는 것입니다. 이를 위해서는 이미지 생성 모델에 시퀀스 모델링 능력을 더해 주는 것이 핵심이라 할 수 있습니다.

초기의 동영상 생성 모델로는 VGAN, TGAN 등을 꼽을 수 있습니다. 이들은 기본적으로 GAN 구조를 기반으로 하되, 생성자와 판별자가 연속적인 프레임을 다루도록 설계되었죠. 예를 들어 VGAN에서는 3D 합성곱 연산을 통해 시공간적 특징을 추출하고, 프레임 간 일관성을 고려한 손실 함수를 적용하는 방식을 취했습니다. 짧은 분량의 단순한 영상을 생성하는 데는 성공했지만, 아직 장면 변화가 크고 복잡한 영상을 다루기에는 한계가 있었습니다.

이후 MoCoGAN, SAVP 등 더욱 정교한 모델들이 제안되었는데요. 이들은 영상 콘텐츠와 움직임을 별도로 인코딩하는 방식을 통해, 장면 구성과 움직임의 표현력을 높이고자 했습니다. 가령 MoCoGAN에서는 콘텐츠와 모션을 각각 잠재 공간에 매핑한 뒤, 이를 결합해 영상을 생성하는 구조를 취했죠. 그 결과 얼굴 표정이나 몸짓 등 보다 역동적인 장면을 만들어낼 수 있게 되었습니다. 패션쇼 영상이나 댄스 영상 등을 생성하는 데 활용되기도 했죠.

한편 Vid2Vid, few-shot vid2vid 등 영상 간 변환에 특화된 모델들도 주목할 만합니다. 이들은 Pix2Pix, CycleGAN 등 이미지 변환 모델에서 착안해, 입력 영상을 조건으로 새로운 영상을 생성해 내는 방식을 취하고 있는데요. 시퀀스의 각 프레임에 대해 이미지 변환을 수행하되, 프레임 간 정합성을 위해 오피셜 플로우(Optical Flow) 등의 움직임 정보를 활용하는 것이 특징입니다. 세그멘테이션 마스크를 실사 영상으로 바꾼다거나, 흑백 영상을 컬

러로 변환하는 등의 과제에서 인상적인 성능을 보여주었습니다.

최근에는 트랜스포머 구조를 활용한 동영상 생성 모델들도 속속 등장하고 있습니다. VideoGPT나 OpenAI Sora 등이 대표적인데요. 특히 Sora는 가장 최신의 성과로 꼽힙니다. LLM과 같은 대규모 시각적 패치(Visual Patches)를 사용하고 비디오 스케일링을 위한 스케일링 트랜스포머(Scaling Transformers)를 사용하여, 텍스트 입력으로부터 고해상도 영상을 생성해 내는 데 성공했거든요. '노을 지는 바닷가를 말을 타고 달리는 사람' 같은 복잡한 프롬프트에 대해서도 꽤 그럴듯한 영상을 만들어낸다고 하니 놀라운 일이 아닐 수 없습니다.

물론 텍스트로부터 완전히 새로운 동영상을 만들어내는 일은 결코 쉽지 않은 도전 과제입니다. 시간에 따른 일관성과 인과관계를 담보하면서도 창의적인 스토리와 구성을 이끌어내야 하니까요. 하지만 최근의 기술 진전 속도를 놓고 볼 때, 머지않아 인공지능이 우리를 놀라운 동영상 콘텐츠로 즐겁게 해줄 날이 올 거라 기대해 봅니다. Meta에서는 'Make-A-Video'라는 모델을 발표해 큰 화제를 모으기도 했습니다.

한편 동영상 편집 분야에서도 AI 기술은 빠르게 스며들고 있는데요. 전통적으로 동영상 편집은 숙련된 전문가의 손을 거쳐야 하는 까다로운 작업이었습니다. 클립들을 적절히 선별하고 연결하며, 화면 전환이나 효과를 입히는 일련의 과정들이 수작업으로 이뤄져야 했던 것입니다. 하지만 최근에는 딥러닝 기술을 활용해

**Meta Make-A-Video**

https://makeavideo.studio/

영상 편집 작업을 자동화, 지능화하려는 시도들이 활발히 이어지고 있습니다.

OpenAI에서는 'Sora'라는 새로운 비디오 생성 모델을 공개했습니다. '소라'라는 이름은 하늘을 뜻하는 일본어에서 유래되었는데요. '무한한 창의적 잠재력을 연상시키는' 뜻으로 사용하였다고 합니다. Sora는 ChatGPT처럼 텍스트 프롬프트를 기반으로 비디오를 생성하는 Text to Video 서비스입니다.

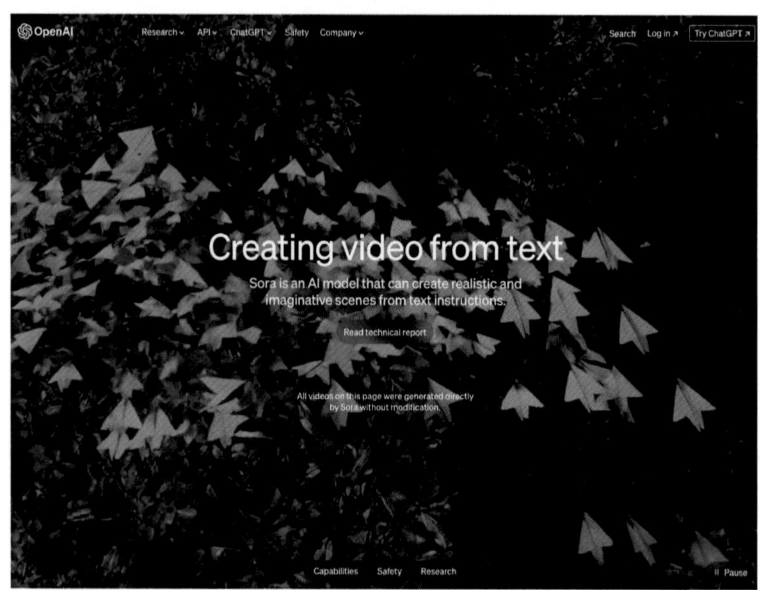


**OpenAI Sora**
https://makeavideo.studio/

또한, 주목할 만한 사례로는 딥페이크(Deepfake) 기술을 들 수 있습니다. 얼굴 합성 기술의 일종인 딥페이크는 주로 악용 사례로 회자되곤 합니다만, 영화나 광고 제작 등에 창의적으로 활용될 여지도 많은 기술입니다. 유명 배우의 얼굴을 대역 배우의 연기에 합성한다거나, 고객의 얼굴을 실제 쓰는 것 같은 UGC 광고를 만드는 등의 아이디어들이 실제로 연구, 적용되고 있거든요. 물론 초상권이나 윤리적 문제에 대한 논의가 반드시 선행되어야 할 것 같습니다.

객체 탐지, 추적 기술의 발전도 영상 편집에 큰 도움을 주고 있습니다. 딥러닝 기반의 정교한 분할 기술을 활용하면 특정 인물이나 사물만 선택적으로 처리하는 것이 가능해지거든요. 배경 합성, 색 보정, 블러 처리 등 편집자가 수동으로 해야 할 일들을 자동화할 수 있게 된 셈입니다. 나아가 영상 내 관심 객체를 인식하고 메타데이터로 레이블링하는 작업도 상당 부분 AI에 맡길 수 있게 되었습니다. 큐레이션이나 검색 효율화 측면에서 큰 도움이 될 수 있는 부분입니다.

무엇보다 흥미로운 건, AI가 영상의 내용을 이해하고 그에 걸맞은 편집을 제안하는 방향으로 나아가고 있다는 점입니다. 스토리의 흐름이나 감정 변화 등을 분석해 화면 전환 타이밍을 짚어준다거나, 음악이나 자막을 자동으로 입혀주는 식으로 말입니다. 마치 숙련된 편집자가 옆에서 조언을 해 주는 듯한 경험을 제공하는 것입니다. 완벽한 자동 편집을 기대하긴 어렵겠지만, 인간 편집자의 창의성을 보조하고 아이디어를 자극하는 데에는 충분한 역할을 해줄 수 있을 것 같습니다.

이처럼 동영상 생성, 편집 분야에서도 AI 기술은 나날이 진화하는 중입니다. 아직은 실험적이고 제한적인 수준이지만, 머지않아 누구나 손쉽게 멋진 영상 콘텐츠를 제작할 수 있는 세상이 열릴 것입니다. 무엇보다 창작자들에게는 아이디어를 마음껏 구현하고 새로운 표현을 실험해 볼 수 있는 강력한 도구가 될 텐데요. 전문 제작사 수준의 퀄리티는 아니더라도, 자신만의 감성을 담은 개성 있는 영상들이 쏟아져 나오는 모습을 상상해 봅니다.

물론 기술 발전에 비례해 우려의 목소리도 나오고 있는 게 사실입니다. 가짜 영상으로 인한 혼란, 저작권 침해나 프라이버시 문제 등은 반드시 짚고 넘어가야 할 과제죠. 무엇보다 기술에 대한 맹신과 의존을 경계해야 할 것 같습니다. AI는 어디까지나 인간 창작자의 상상력을 보조하는 도구여야 하니까요. 기술을 환상 없이 직시하고, 그것이 가진 한계와 위험까지 냉정히 인식하는 균형 잡힌 시각이 우리 모두에게 필요한 때입니다.

동영상이라는 강력한 매체의 힘은 AI 기술과 만나 더욱 커질 것입니다. 정보 전달과 설득, 감동과 즐거움을 주는 데 있어 동영상만 한 것이 또 없으니까요. 이제 기술의 도움으로 누구나 자신만의 메시지와 개성을 담은 영상을 만들 수 있게 될 것입니다. 다만 그 과정에서 기술에 휘둘리지 않고 주체적으로 활용하는 지혜, 그리고 타인과 사회에 대한 윤리의식이 우리에겐 무엇보다 중요하다는 사실을 잊지 말아야겠습니다. 동영상 생성, 편집 AI의 미래는 결국 우리가 어떻게 받아들이고 쓰느냐에 달려 있으니까요.

# 3D 모델링과 디자인

지금까지 우리는 이미지, 음성, 음악, 동영상 등 다양한 유형의 데이터를 다루는 생성형 AI 기술에 대해 살펴보았습니다. 이번에는 한층 더 입체적이고 몰입감 있는 콘텐츠 영역, 바로 3D 모델링과 디자인 분야로 시선을 돌려보려 합니다. 최근 메타버스, 게임, 가상현실 등 3D 콘텐츠에 대한 수요가 폭발적으로 증가하면서, 이 분야에서의 AI 활용 또한 급속도로 확대되고 있는데요. 과연 인공지능은 어떻게 3차원 공간을 이해하고, 창의적인 모델과 디자인을 만들어낼 수 있을까요? 함께 알아보도록 하겠습니다.

3D 데이터는 기본적으로 공간상의 점들과 그것들 사이의 연결 관계로 이루어져 있습니다. 이를 효과적으로 다루기 위해서는 위상 구조(Topology)와 기하 구조(Geometry)를 모두 고려할 수 있는 특수한 신경망 구조가 필요한데요. 대표적으로 PointNet, Graph CNN 등이 3D 모델링을 위한 딥러닝 아키텍처로 자주 활용되곤 합니다. 이들은 점군(Point Cloud)이나 메시(Mesh) 등 3D 데이터 고유의 표현 방식을 처리할 수 있도록 설계되었죠.

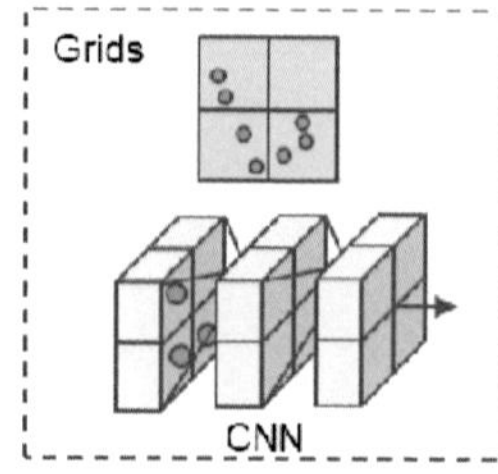

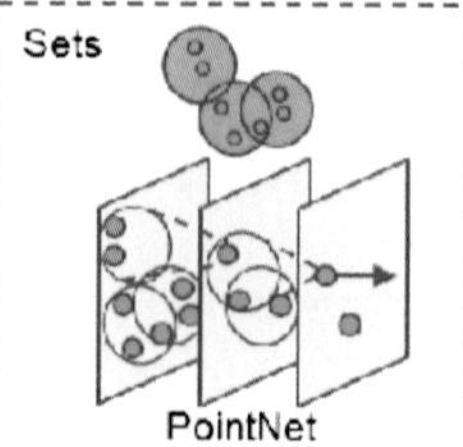

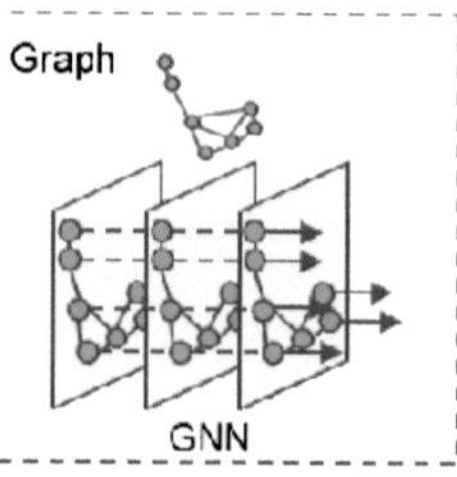


PointNet, Graph CNN (ref. Shi, Weijing, and Raj Rajkumar. "Point-gnn: Graph neural network for 3d object detection in a point cloud." Proceedings of the IEEE/CVF conference on computer vision and pattern recognition. 2020.)

초기의 3D 생성 모델들은 주로 3D 형상을 직접 모델링하는 데 초점을 맞추었습니다. 가령 3D GAN, 3D VAE 등은 각각 GAN, VAE 구조를 3D 도메인에 적용한 사례들인데요. 3D 형상을 잠재 공간에 인코딩한 후, 이를 샘플링하여 새로운 형상을 생성해 내는 방식을 취하고 있습니다. 의자나 테이블 등. 단일 객체 모델링에는 어느 정도 성공했지만, 복잡한 장면을 구성하기에는 한계가 있었던 것이 사실입니다.

이후 등장한 모델들은 형상 생성과 함께 구조적 정보를 반영하는 데에도 주력하기 시작했습니다. GRASS, StructureNet 등이 대표적인데요. 이들은 객체 간의 공간적 관계나 부분-전체 위계를 그래프 구조로 인코딩함으로써, 보다 정합적이고 다양한 장면 구성이 가능하도록 했죠. 가령 StructureNet을 활용하면 사용자가 원하는 방 스타일과 구조를 입력했을 때, 그에 맞는 가구 배치를 자동으로 제안 받을 수 있게 됩니다. 인테리어 디자인은 물론 게임 맵 자동 생성 등에도 활용 가능할 법한 기술입니다.

한편 2D 이미지를 3D로 변환하는 기술도 크게 주목받고 있습니다. 사진 한 장만으로도 그에 상응하는 3D 모델을 생성해 낼 수 있게 된다면 그 파급력이 상당할 테니까요. 대표적인 모델로는 3D-R2N2, Pix2Vox, Pix2Shape 등을 꼽을 수 있는데요. 이들은 다양한 각도에서 촬영된 2D 이미지들을 입력받아, 3D 복셀(Voxel) 또는 메시 모델을 생성해 냅니다. 아직 정밀도나 일반화 능력 측면에서는 한계가 있지만, 빠른 속도로 개선되고 있는 추세입니다. 스마트폰으로 사물을 비추기만 하면 3D 모델이 뚝딱 만들어지는 날이 머지않았다고 봅니다.

텍스트로부터 3D 모델을 생성하는 연구도 최근 활발히 이루어지고 있습니다. 언어의 추상성과 3D 데이터의 복잡성을 동시에 다뤄야 한다는 점에서 큰 도전 과제인데요. 그럼에도 Dream-Fields, GET3D 등 인상적인 성과들이 속속 등장하고 있습니다. GET3D의 경우 '빨간 의자 두 개가 놓여 있는 거실'과 같은 텍스트 묘사로부터 그에 부합하는 3D 장면을 구축해 내는 데 성공했죠. 아직 완벽하다고 보기는 어렵지만, DALL-E나 Stable Diffusion을 통해 본 것처럼 텍스트 기반 3D 생성 분야도 급격한 발전을 보일 것으로 기대됩니다.

물론 3D 모델링에서 AI 기술의 역할이 생성에만 국한되는 건 아닙니다. 오히려 모델링 작업 자체를 보조하고 자동화하는 데에도 적극 활용되고 있는데요. 대표적인 분야가 3D 재구성(3D Reconstruction)입니다. 스캐닝이나 촬영을 통해 얻은 부분적인 형상 정보로부터 완전한 3D 모델을 복원해 내는 기술인데요. 최근 딥러닝 기반의 방법들이 기존 기하 기반 접근법의 한계를 크게 개선하며 각광받고 있습니다. 문화재 복원이나 자율주행 등에 활발히 도입되고 있습니다.

AI를 활용한 3D 편집 기술도 주목할 만한데요. 모델의 특정 부분만 선택적으로 수정한다거나, 스타일을 자유자재로 변경하는 것이 대표적입니다. 최근에는 시맨틱 정보를 활용해 모델의 구조적 정합성을 유지하면서도 세부적인 변형이 가능한 방법들이 제안되고 있습니다. 또한 스케치나 레이아웃 등 더욱 직관적인 입력을 통해 3D 모델을 편집할 수 있게 해 주는 연구들도 활발히 진행 중인데요. 전문가가 아니더라도 누구나 쉽게 3D 콘텐츠를 다룰 수 있게 되는 날이 머지않았다고 봅니다.

이처럼 3D 모델링과 디자인 분야에서 인공지능 기술은 이미 큰 존재감을 드러내고 있습니다. 창의적이고 사실적인 3D 모델을 자동으로 생성해 내는 것은 물론, 모델링 작업 자체를 보조하고 가속화하는 데에도 크게 기여하고 있습니다. 정교한 3D 콘텐츠 제작에는 많은 시간과 전문성이 요구되곤 했는데요. 이제 AI 기술의 도움으로 훨씬 더 쉽고 빠르게, 그리고 창의적으로 작업할 수 있게 될 전망입니다. 개인 창작자는 물론 전문 산업 분야에서도 제작 파이프라인이 크게 혁신될 수 있을 것으로 기대되고 있습니다.

그렇다면 이런 기술들은 실제 어디에 쓰일 수 있을까요? 무엇보다 메타버스와 게임 분야에서의 활용 가치가 클 것으로 보입니다. 방대한 양의 3D 에셋을 제작해야 하는 만큼, AI를 통한 자동화와 효율화의 수혜를 크게 볼 수 있을 테니까요. 아바타나 게임 맵, 아이템 등을 손쉽게 만들어낼 수 있게 될 겁니다. 나아가 사용자의 아이디어를 즉각적으로 3D 콘텐츠로 구현해 주는 서비스도 가능해질 것 같습니다. 메타버스 내에서 AI와 협업하는 창작자가 등장하는 모습을 상상해 봅니다.

가상/증강현실(VR/AR) 분야에서의 파급력도 상당할 것으로 전망됩니다. 사실적인 3D 객체와 공간을 손쉽게 획득하고 렌더링할 수 있게 되면서 훨씬 더 풍부하고 몰입감 있는 경험을 제공할 수 있게 될 테니까요. 교육이나 시뮬레이션 등 다양한 VR/AR 활용 사례에서 큰 도움이 될 수 있을 것 같습니다. 제조, 건축, 헬스케어 등 전문 산업에서도 설계와 시각화 과정이 크게 개선될 수 있을 전망입니다.

심지어 우리 일상생활에도 AI 기반 3D 기술이 스며들 것으로 보입니다. 집을 꾸미거나 가구를 구매할 때 가상으로 미리 배치해 볼 수 있게 될 테고, 온라인 쇼핑에서 상품을 3D로 살펴보는 게 당연해질지도 모르겠습니다. 스마트폰 카메라로 사물을 3D 스캔하는 것도 어렵지 않은 일이 될 것입니다. 지도 서비스나 내비게이션에서도 입체적인 공간 정보를 적극 활용하게 될 것 같고요. 이렇듯 3D 콘텐츠는 우리 삶 곳곳에 파고들며 또 하나의 '현실'로 자리 잡아 갈 것입니다.

다만 기술의 진보에 발맞춰 제도적, 문화적 기반을 다져나가는 노력도 필요할 것 같습니다. 표준화된 3D 데이터 포맷이라든지, 저작권이나 윤리 기준 같은 것들 말입니다. 무엇보다 디지털 리터러시 교육이 중요해질 것 같습니다. 누구나 3D 콘텐츠의 생산자이자 소비자가 될 수 있는 시대, 건전하고 창의적인 활용을 위한 역량을 갖추는 일이야말로 우리 모두의 과제가 될 테니까요. 기술이 열어줄 가능성을 온전히 누리려면 그만한 성숙함도 뒷받침되어야 할 것입니다.

자, 이상으로 3D 모델링과 디자인 분야에서의 AI 기술에 대해 살펴보았습니다. 이미지나 동영상을 넘어 이제 3차원 공간마저 인공지능의 영역으로 들어오고 있음을 실감하셨을 것입니다. 현실과 가상의 경계가 점점 더 흐려지는 시대, 그 기술의 중심에는 AI가 자리하고 있습니다.

# 2부

# 생성형 AI 활용 실제

해당 이미지는 Midjourney --v 6.0으로 제작하였습니다.

# 1장

# 텍스트 생성 활용하기

해당 이미지는 Midjourney --v 6.0으로
제작하였습니다.

# 창의적 글쓰기 돕기

1부에서 우리는 생성형 AI의 기본 개념과 주요 기술들을 살펴보았는데요. 이미지, 음성, 동영상 등 다양한 분야에서 인공지능이 창의적인 결과물을 만들어내는 모습을 확인할 수 있었죠. 그중에서도 가장 먼저 우리 삶 속에 파고들고 있는 분야가 아마도 '글쓰기'가 아닐까 싶습니다. 대화형 AI나 챗봇 등을 통해 자연어 생성 기술을 일상적으로 접하고 있는 것이 사실이니까요.

특히 최근에는 GPT-3로 대표되는 거대 언어 모델의 등장으로 글쓰기 분야에서의 AI 활용이 더욱 주목받고 있는데요. 과연 인공지능이 인간의 창의적 글쓰기를 어떻게 도울 수 있을지, 또 어떤 변화를 가져올지 함께 생각해 보는 시간을 가져보았으면 합니다. 작가나 창작자 여러분에게는 새로운 영감과 도구를 제공하는 계기가, 일반인 여러분에게는 일상에서 글쓰기의 재미와 가치를 재발견하는 시간이 되었으면 합니다.

ChatGPT에서 시작한 텍스트 생성 분야는 가장 호황 중인 생성 인공지능 분야이기도 합니다. 이미 많은 분들께서 생성 인공지능의 글쓰기 실력을 경험하셨을 것입니다.

아래는 글쓰기로 활용 가능한 대표적인 서비스들입니다.

**ChatGPT**
https://chat.openai.com/

**Gemini**
https://gemini.google.com/

**Claude**
https://claude.ai/

**Copilot**
https://copilot.microsoft.com/

**Naver Clova X**
https://clova-x.naver.com/

글쓰기란 결코 쉬운 일이 아닙니다. 어떤 내용을 담을지, 그것을 어떻게 조리 있게 전달할지 고민하는 과정에서 수많은 난관에 봉착하게 되죠. 특히 마음 속 아이디어를 구체적인 문장으로 옮기는 일, 즉 '첫 문장'을 쓰는 게 가장 어려운 법입니다. 이른바 '작가의 블록'에 가로막혀 한참을 멍하니 앉아 있곤 하는 것, 글을 쓰는 이라면 누구나 한 번쯤 겪어봤을 것입니다.

바로 이때 생성형 AI가 요긴하게 쓰일 수 있습니다. 사용자가 간단한 주제나 키워드, 또는 대략적인 줄거리를 입력하면 AI가 그에 걸맞은 문장이나 단락을 자동으로 생성해 주는 것입니다. 물론 그 자체로 완성된 글이 되기는 어렵겠지만, 글쓰기의 시작점을 제공하고 창작의 방향성을 제시하는 데에는 큰 도움이 될 수 있습니다. 떠오르는 아이디어를 재빨리 글로 옮기는 것만으로도 창작의 고비를 넘기는 데 충분하니까요.

실제로 GPT-3를 활용한 글쓰기 보조 도구들이 여럿 등장했는데요. 가령 'Sudowrite'라는 서비스는 사용자가 입력한 텍스트에 이어 몇 가지 버전의 후속 문장을 제안해 줍니다. 마음에 드는 문장을 선택하면 그것이 다시 프롬프트가 되어 이야기를 이어가는 식입니다. 스토리의 골격을 짜는 데에서부터 등장인물의 묘사, 대사, 심지어 감정 표현에 이르기까지 세세한 부분의 집필을 보조하는 셈입니다. 'AI Dungeon'처럼 대화형 방식으로 스토리를

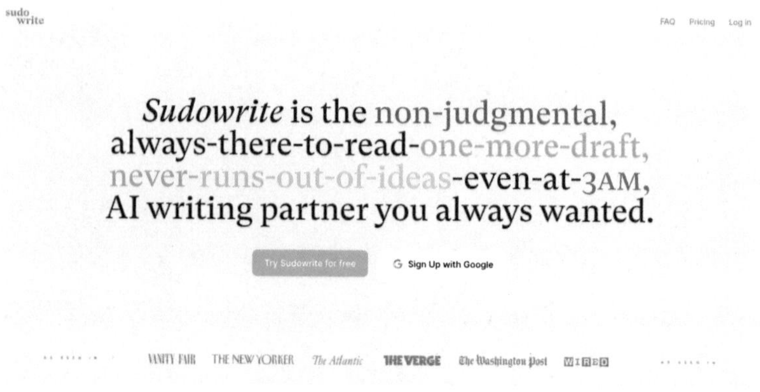

sudo write FAQ Pricing Log in

*Sudowrite* is the non-judgmental, always-there-to-read-one-more-draft, never-runs-out-of-ideas-even-at-3AM, AI writing partner you always wanted.

Try Sudowrite for free　Sign Up with Google

VANITY FAIR　THE NEW YORKER　The Atlantic　THE VERGE　The Washington Post　WIRED

**Sudowrite**

https://www.sudowrite.com/

공동 창작하는 서비스도 흥미롭습니다.

물론 이렇게 AI가 제안하는 내용을 있는 그대로 사용하기보다는, 하나의 참고자료로 활용하는 것이 좋겠습니다. 창작의 주체는 어디까지나 사람이어야 하니까요. 하지만 글감을 떠올리는 데 막막함을 느낄 때, AI와의 대화를 통해 사고를 확장하고 영감을 얻을 수 있다는 건 분명 매력적인 경험일 것입니다. 때로는 엉뚱하고 신선한 발상의 전환을 이끌어내기도 하고, 때로는 우리가 미처 생각하지 못한 관점을 제시하기도 하면서 말입니다.

나아가 AI는 단순히 아이디어를 제공하는 데 그치지 않고, 글의 다듬기와 교정에도 활용될 수 있습니다. 문법이나 맞춤법, 어휘 선택 등 글쓰기의 형식적 측면을 자동으로 점검하고 대안을 제시하는 방식인데요. 'Grammarly'나 'Hemingway'와 같은 서비스들이 벌써 많은 사람들에게 사랑받고 있습니다. 고급 언어 모델을 활용한다면 문장 구조나 문체, 논리 전개 등, 보다 심층적인 교정도 가능해질 것입니다. 숙련된 교정 편집자와 함께 글을 다듬어가는 느낌이랄까요?

특히 이런 편집 보조 기능은 작가뿐 아니라 일반인들에게도 유용할 것 같습니다. 글쓰기가 낯설고 어려운 이들도 AI와 함께라면 좀 더 편하게 도전해 볼 수 있지 않을까요? 메일을 쓰거나 기획안을 작성할 때, 또는 SNS에 게시물을 올릴 때도 AI가 적절한 표현을 추천해 준다면 글쓰기의 부담을 한결 덜 수 있을 것 같습니다. 나아가 AI와의 글쓰기 경험 자체가 우리의 언어 감각을 일

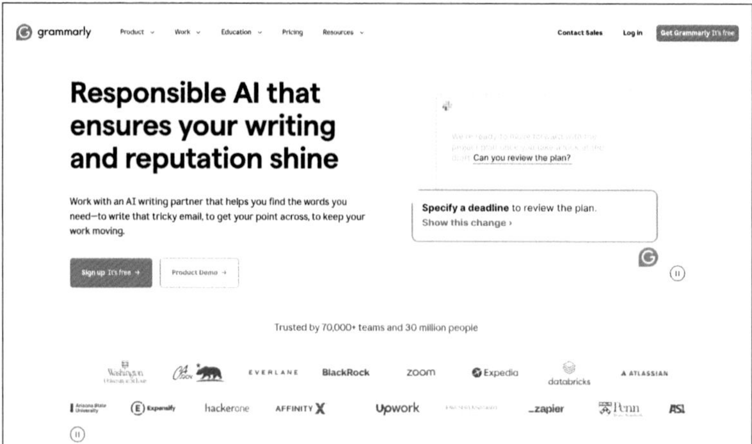


**Grammery**

https://www.grammarly.com/

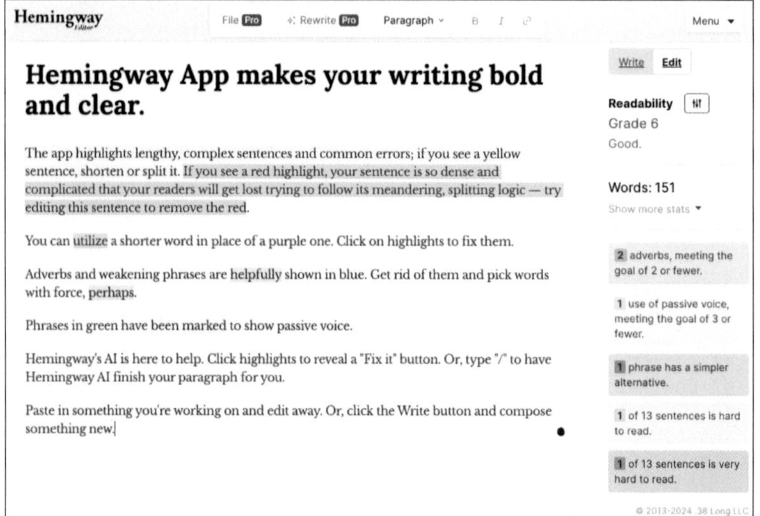


**Hemingway**

https://hemingwayapp.com/

깨우고 사고력을 자극하는 계기가 될 수도 있습니다.

물론 이런 변화가 가져올 우려의 목소리도 있습니다. 그 중 가장 본질적인 질문은 아마도 '과연 AI가 쓴 글을 창의적이라 볼 수 있느냐'일 것입니다. 결국 AI는 인간이 쓴 글의 패턴을 학습해 재조합할 뿐, 진정한 의미의 창의성과는 거리가 멀다는 비판이 있는 것도 사실입니다. 인간 특유의 섬세한 감정이나 깊이 있는 통찰을 담아내는 데에는 한계가 있다는 지적도 일리가 있습니다.

하지만 저는 오히려 그런 한계를 인정하고 받아들이는 가운데 AI 글쓰기의 가능성을 열어갈 필요가 있다고 봅니다. 완벽한 창작을 기대하기보다 인간 창작자의 상상력에 '날개'를 달아주는 도구로서 AI를 바라보는 것입니다. 기계가 아무리 뛰어난 글을 쓴다 해도 결국 감동을 전하고 공감을 이끌어내는 것은 사람의 몫이니까요. 그 고유한 영역을 지키면서 동시에 AI와 협업할 수 있는 지혜가 우리에겐 필요한 것 같습니다.

더불어 AI 글쓰기의 발전이 가져올 사회 전반의 변화에 대해서도 입체적으로 바라볼 필요가 있어 보입니다. 글쓰기가 더 이상 소수 전문가의 영역이 아닌 모두의 일상이 될 수 있다는 점, 다양한 배경의 사람들이 자신의 목소리를 내는 계기가 될 수 있다는 점은 분명 고무적입니다. 반면 AI가 만들어낸 '가짜 글'로 인한 혼란이나, 저작권 및 윤리 문제 등도 놓칠 수 없는 화두죠. 기술과 제도, 그리고 우리의 인식이 조화를 이뤄야 할 때인 것 같습니다.

이처럼 창의적 글쓰기에 있어 AI의 역할은 양날의 검과도 같습니다. 기술의 혜택을 누리되 경계해야 할 지점도 분명 있는 셈입니다. 중요한 것은 그 모든 과정의 중심에는 언제나 '사람'이 있어야 한다는 점입니다. 우리의 손으로 기술을 다스리고, 우리의 열정으로 창의성에 생명을 불어넣는 한, 글쓰기의 즐거움은 어떤 형태로든 지속될 수 있으리라 믿습니다. 오히려 AI와 함께 새로운 방식의 창작을 모색하고 글쓰기의 저변을 넓혀가는 즐거운 도전이 될 수 있지 않을까요?

앞으로 우리는 AI와 공존하며 '함께' 쓰는 시대를 맞이하게 될 것 같습니다. 그 안에서 기계는 결코 대체할 수 없는 인간만의 표현을 찾아가는 여정. 생성형 AI가 가져올 창의적 글쓰기의 변화를 즐기면서도, 동시에 우리가 지켜내야 할 본질적 가치를 놓치지 않는 지혜. 그것이 앞으로 우리에게 필요한 자세가 아닐까 싶습니다. 글쓰기의 본령은 결국 기계가 아닌 사람의 손에, 그리고 마음에 달려 있으니까요. AI의 도움을 받되 결코 주도권을 내주지 않는 당당한 창작자의 모습, 기대해 보겠습니다.

이번 장에서는 생성형 AI가 우리의 창의적 글쓰기에 가져다줄 변화와 기회에 대해 생각해 보았습니다. 작가의 한계를 극복하고 아이디어를 확장하는 도구로서, 그리고 누구나 글쓰기에 자신감을 가질 수 있게 하는 조력자로서 AI를 바라보는 관점. 어떻게 보면 인공지능 글쓰기의 가장 근본적인 가치는 아이러니하게도 '사람'을 빛내는 데 있는 것 같습니다. 기술을 인간 본연의 창의성을 깨우는 계기로 삼고, 보다 많은 이들이 글쓰기의 즐거움을 누릴 수 있게 하는 것. 결국 그것이 AI 글쓰기가 지향해야 할 방향이 아닐까 싶습니다.

물론 기술이 가져올 파장에 대한 우려와 견제 또한 필요할 것입니다. 그럴 때마다 근본을 돌아보는 성찰의 자세가 요구되는데요. 기술에 함몰되지 않도록, 그리고 인간성의 본질을 잃지 않도록 끊임없이 자문하는 일. 글을 쓰는 이로써, 그리고 기술 시대를 살아가는 우리 모두의 윤리적 과제가 아닐까 싶습니다.

## 요약, 번역, 맞춤법 검사 등에 활용

텍스트 요약(Text Summarization)에 대해 살펴볼까요? 요약이란 긴 텍스트의 핵심 내용을 간결하게 추려내는 작업을 말하는데요. 방대한 분량의 글을 읽고 정보를 압축하는 일은 결코 쉽지 않습니다. 중요한 내용은 놓치지 않으면서도 간결함을 유지해야 하니까요. 바로 이때 AI가 큰 도움을 줄 수 있습니다. 자연어 처리 기술을 활용해 문서의 주제와 구조를 파악하고, 키워드를 중심으로 요약문을 자동 생성해 주는 것입니다.

OpenAI의 ChatGPT도 파일 업로드 기능을 지원하기 시작하면서 대용량의 텍스트를 입력받는 것이 가능해졌고 이를 통해 텍스트 요약을 훌륭히 해 주지만 전문적인 사례로는 'Summarize bot'이라는 서비스를 들 수 있습니다. 긴 뉴스 기사나 리포트 등을 입력하면 AI가 순식간에 핵심 내용을 3~4문장으로 정리해 줍니다. 직접 읽지 않고도 내용 파악이 가능해지는 셈입니다. 바쁜 현대인들에게 정보 습득의 효율을 높여줄 수 있는 유용한 도구가 아닐 수 없습니다. 더불어 글쓰기 과정에서도 도움이 될 수 있을 것 같습니다. 장황한 문장을 다듬을 때, 또는 글의 요지를 간단히 정리할 때 AI의 요약 기능을 활용해 본다면 어떨까요?

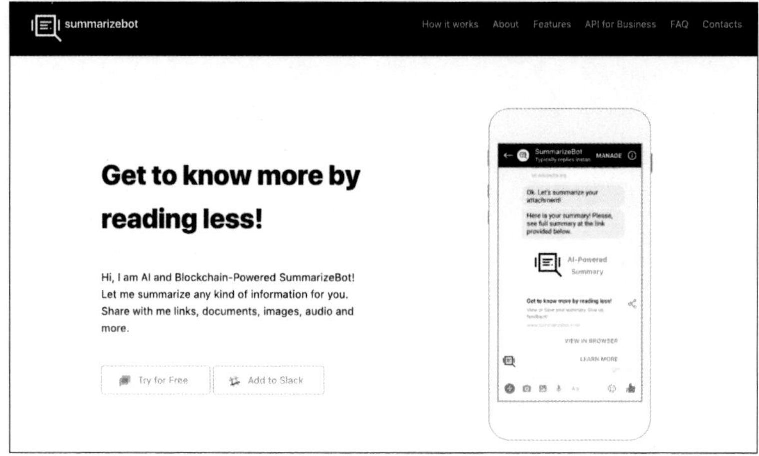


**Summarize bot**
https://www.summarizebot.com/

물론 아직 완벽하다고 보긴 어렵습니다. 때로는 문맥을 제대로 파악하지 못하거나, 중요한 내용을 생략하는 경우도 있거든요. 하지만 요약의 윤곽을 잡고 방향성을 제시하는 보조 도구로서는 충분히 의미가 있다고 봅니다. 핵심만 간추려주는 AI 요약 기술이 점점 우리 삶 속으로 스며들 것으로 기대됩니다. 다만 그 과정에서 원문의 의도나 맥락이 훼손되지 않도록, 기술의 한계에 대한 이해 또한 함께 이뤄져야 할 것입니다.

국내에서 제공하는 요약 서비스 중 두각을 나타내는 서비스로는 네이버 클로바노트 서비스를 들 수 있습니다. 클로바노트는 AI 기술을 활용한 음성기록 관리 서비스인데요. 녹음한 내용이 텍스트로 변환(Speech to Text)되고 AI 기술이 핵심 내용을 요약해 줄 수 있습니다.

클로바노트
https://clovanote.naver.com/

다음으로는 기계 번역(Machine Translation)에 대해 이야기해 보죠. 언어의 장벽을 허무는 일은 국제화 시대를 살아가는 우리에게 참 중요한 과제입니다. 20세기 중반부터 기계 번역 연구가 꾸준히 이어져 왔지만, 최근 인공지능 기술의 발달로 그 성능이 비약적으로 향상되고 있습니다. 통계 기반 번역을 넘어 인공신경망을 활용한 딥러닝 번역으로 진화하면서 자연스러움과 정확성 모두를 잡아가고 있습니다.

구글 번역기나 파파고 같은 서비스들이 대표적인 사례겠습니다. 이미 많은 분들이 일상에서 자연스럽게 활용하고 계시는데요. 해외 웹사이트를 볼 때, 외국인 친구와 대화할 때, 또는 외국어로 글을 써야 할 때 큰 도움이 되고 있습니다. 심지어 언어의 뉘앙스나 문화적 맥락까지도 점차 반영하는 수준으로 발전하고 있습니다. 앞으로는 동시통역은 물론, 외국어 학습에서도 기계 번역 기술이 큰 역할을 할 것으로 기대됩니다.

업무 환경에서의 AI 번역 활용도 주목할 만합니다. 다국적 기업에서 회의를 할 때, 또는 해외 고객을 응대할 때 AI 번역은 이미 없어서는 안 될 도구가 되었죠. 비즈니스 이메일이나 계약서 등 중요한 문서의 번역에서도 인공지능의 역할이 점점 커지고 있고요. 전문 용어가 많은 학술 논문이나 기술 문서의 번역은 아직 과제가 남아있지만, 머지않아 인간 번역가 못지않은 성과를 보일 것으로 기대됩니다.

기계 번역에서 가장 뛰어난 성능을 보여주는 것으로 알려진 DeepL은 2017년 처음 출시된 이래로 완전히 새로운 세대의 기계 번역 신경망을 개발해 왔습니다. 2020년 독일 혁신상을 수상하기도 한 DeepL 네트워크는 새로운 신경망 설계를 사용하여 문장의 미묘한 의미를 파악하고 이를 전례 없는 방식으로 대상 언어로 번역하는 방법을 학습합니다. 2020년과 2021년에는 번역된 문장의 의미를 더욱 정확하게 전달할 수 있는 새로운 모델을 출시하여 산업별 전문 용어의 어려움마저 극복하며 큰 성공을 거두었습니다. 2023년부터는 한국어 서비스도 지원하고 있습니다.

**DeepL**
https://clovanote.naver.com/

물론 번역에는 언어에 대한 심층적 이해뿐 아니라 세상사에 대한 폭넓은 배경지식도 필요합니다. 문화적 맥락이나 유머, 역사적 사실 등 기계가 파악하기 어려운 요소들이 있는 만큼, 인간 번역가의 역할이 여전히 중요하다고 봅니다. 다만 그 과정에서 AI가 효과적인 도구로 활용될 수 있습니다. 인간과 기계의 협업, 바로 그 지점에서 번역의 미래를 그려볼 수 있을 것 같습니다.

마지막으로 맞춤법과 문체 교정에 대해 짚어보겠습니다. 글쓰기에서 맞춤법과 문법은 기본 중의 기본입니다. 하지만 모국어 화자라 해도 혼동하기 쉬운 부분이 많은 게 사실입니다. 게다가 시대에 따라 맞춤법 규정이 조금씩 변하기도 하고요. 바로 여기에서 AI가 유용하게 쓰일 수 있습니다. 문장을 실시간으로 분석하여 오탈자를 잡아내고, 문법에 어긋난 표현을 알려주는 식입니다.

'Grammarly'나 국내의 '한국어 맞춤법/문법 검사기' 같은 서비스들이 대표적인데요. 게시글부터 이메일, 보고서까지 글쓰기의 전 과정에서 교정을 도와줍니다. 단순히 맞춤법뿐 아니라 문장 구조, 어휘 선택, 문체의 일관성까지 종합적으로 분석하고 대안을 제시합니다. 모두가 작가는 아니지만, 글쓰기의 기본기는 갖추고 싶은 법. 바로 그런 바람을 AI가 채워주고 있는 셈입니다.

한국어 맞춤법/문법 검사기

http://speller.cs.pusan.ac.kr/

나아가 개인의 문체를 분석하고 가이드를 제공하는 기술도 발전하고 있습니다. 자주 사용하는 단어나 선호하는 문장 패턴 등

글쓴이의 특징을 파악해서 글쓰기 코칭을 해 주는 서비스들이 속속 등장하는 중입니다. 일종의 라이팅 튜터 같은 개념인데요. 자신만의 문체를 갖고 싶은 분들에게 매력적인 제안이 될 것 같습니다. 다만 그 과정에서 기계적 교정에 함몰되지 않는 현명함이 필요할 것입니다. 때로는 문법을 비껴가는 독특한 표현이 글에 생기를 불어넣기도 하니까요.

지금까지 요약, 번역, 맞춤법 검사 분야에서 AI 기술이 어떻게 활용되고 있는지 살펴보았습니다. 정보의 홍수 속에서 핵심을 간파하고, 언어의 장벽을 허물며, 글쓰기의 기본기를 다지는 일. 참 필요한 기능들이면서도 쉽지 않은 과제죠. 바로 그런 영역에서 AI가 우리의 손과 발이 되어주고 있습니다. 물론 아직 한계는 분명합니다. 기술이 낳을 부작용도 경계해야 하고요. 하지만 분명한 건 우리가 AI와 함께 글쓰기의 지평을 넓혀가고 있다는 사실입니다.

앞으로 이런 글쓰기 보조 도구들은 계속해서 진화할 것입니다. 단순히 교정을 넘어 아이디어 제안, 글감 수집, 논리 구성까지 도와주는 방향으로 발전할 수 있습니다. 물론 그 과정에서 윤리적 기준을 세우고, 기술에 대한 비판적 사고를 잃지 않는 일도 중요합니다. 창의성의 주체는 어디까지나 '사람'이어야 한다는 사실을 잊지 말아야 합니다.

# 챗봇과 고객 응대 자동화하기

챗봇이란 대화형 AI를 활용해 사람과 자연어로 소통하는 프로그램을 말합니다. 정해진 시나리오에 따라 응답하는 초기의 챗봇과 달리, 요즘의 챗봇은 인공지능 기술을 바탕으로 훨씬 더 유연하고 인간적인 대화를 나눌 수 있게 되었죠. 자연어 처리와 기계학습 기술의 비약적 발전 덕분인데요. 우리가 흔히 접하는 웹사이트나 모바일 앱의 고객센터에서부터 카카오톡이나 페이스북 메신저 같은 메시징 플랫폼, 심지어 가전제품이나 자동차에 이르기까지, 이제 챗봇은 우리 일상 곳곳에서 만날 수 있습니다.

그중에서도 기업들이 챗봇에 주목하는 가장 큰 이유는 아무래도 '고객 응대의 자동화'일 것입니다. 콜센터나 고객 상담 업무는 많은 인력과 시간, 비용이 드는 영역이잖아요? 게다가 단순 반복적인 질문이 많은 탓에 상담사들의 피로도가 높은 편이기도 하고요. 바로 이런 고충을 해결해 줄 구원투수로 챗봇이 떠오르고 있는 것입니다. 간단한 문의사항은 챗봇이 1차로 응대하고, 좀 더 복잡한 사안만 상담사에게 넘기는 식으로 업무 효율성을 높일 수 있거든요.

대표적인 사례로 은행권 챗봇을 들 수 있습니다. 계좌 개설부터 각종 금융상품 가입, 해외 송금까지. 은행 업무와 관련된 다양한 문의 사항에 365일 24시간 응대하는 게 은행 챗봇들의 역할입니다. 단순히 정해진 답변만 내뱉는 게 아니라, 대화의 맥락을 파악하고 고객의 니즈를 분석해서 능동적으로 정보를 제공하기도 합니다. 심지어 개인의 금융 습관을 분석해 맞춤형 재테크 조언을 해 주는 로보어드바이저 챗봇도 등장했죠.

쇼핑 분야에서의 챗봇 활용도 주목할 만합니다. 단순히 상품 정보를 안내하는 수준을 넘어, 개인화된 추천까지 제공하는 수준으로 진화하고 있거든요. H&M의 'Kik' 봇은 사용자와의 대화를 통해 취향을 파악하고 맞춤형 코디를 제안합니다. 나아가 구매 내역과 검색 기록을 종합 분석해 사용자의 구매 성향을 예측하기도 합니다. 이런 AI 큐레이션 서비스가 고객 만족도 향상에 크게 기여하면서, 이커머스 기업들의 챗봇 도입이 가속화되는 추세라고 합니다.

의료 영역에서의 챗봇 활약도 눈여겨볼 대목입니다. 병원은 아무래도 전문 인력이 많이 필요한 곳이라, 의사나 간호사들의 단순 반복 업무를 줄여주는 데 챗봇이 큰 도움이 되거든요. 미국 CDC의 'Clara' 봇은 코로나19 관련 문의사항에 24시간 응대하며 의료진들의 부담을 덜어주었습니다. 'Florence' 챗봇은 복약 알람을 맞춰주고 처방전을 관리해 주는 스마트한 비서 역할을 톡톡히

하고 있습니다. 정신건강 상담을 해 주는 'Woebot'이나, 금연을 돕는 'QuitGenius' 같은 전문 챗봇들도 등장했습니다.

물론 아직 완벽하다고 보기는 어렵습니다. 때로는 엉뚱한 대답을 내놓기도 하고, 복잡한 문제에 부딪히면 한계를 드러내기도 합니다. 무엇보다 기계가 '공감'이나 '윤리'와 같이 인간 특유의 영역을 온전히 다루기란 쉽지 않아 보입니다. 그럼에도 고객들 사이에서 챗봇의 만족도가 나날이 높아지고 있다는 건 주목할 만한 변화입니다. 응답 속도와 정확성이 크게 개선된 것은 물론, 감정을 인식하고 그에 맞는 반응을 보이는 수준까지 발전하고 있거든요.

기업 입장에서도 챗봇의 매력은 점점 커지고 있습니다. 24시간 쉬지 않고 일하는 AI 직원이라니, 인건비 절감 효과가 상당할 테니까요. 그뿐만 아니라 축적된 대화 데이터를 분석해 고객의 니즈를 발굴하고 서비스 개선에 활용할 수 있다는 점도 큰 장점으로 꼽히고 있습니다. 한 조사에 따르면 2024년까지 기업 고객 응대의 85%가 챗봇을 통해 이뤄질 것이라는 전망도 나왔다고 합니다. 챗봇이 우리와 기업을 잇는 가장 보편적인 소통 창구가 될 날이 머지않았음을 실감합니다.

하지만 이런 변화가 가져올 사회적 충격에 대해서도 생각해 볼 필요가 있어 보입니다. 고객센터 직원들의 일자리가 줄어드는 건 아닐까 하는 우려가 있는 것도 사실입니다. 하지만 장기적으로는 이들이 챗봇과 협업하며 보다 창의적이고 부가가치 높은 업무에 전념할 수 있게 될 거라 봐요. 단순 반복 업무 대신 복잡한 문제 해결이나 VIP 응대처럼 사람만이 할 수 있는 영역에 집중하는 것입니다. 결국 챗봇은 우리 삶의 질을 높이는 방향으로, 그리고 일자리의 패러다임을 바꾸는 촉매제로 작용할 수 있다고 봅니다.

무엇보다 이런 변화의 흐름 속에서 우리가 놓치지 말아야 할 건, 기술을 대하는 우리의 자세라 할 수 있습니다. 아무리 뛰어난 챗봇이라도 그것이 '인간을 위한' 기술이 되려면 우리의 가치관과 윤리의식이 바탕이 되어야 합니다. 효율이나 편의를 위해 인간성을 해치는 방향으로 활용돼서는 안 될 것입니다. 나아가 기술에 대한 의존도가 높아질수록 그에 대한 성찰과 통제 능력 또한 갖춰나가야 하겠습니다. 어디까지나 챗봇은 우리의 삶을 보조하는 도구일 뿐, 결코 주인이 되어서는 안 된다는 사실을 잊지 말아야 할 것 같습니다.

이번 장에서는 비즈니스 영역, 특히 고객 응대 업무에서 두각을 나타내고 있는 챗봇에 대해 알아보았습니다. 콜센터에서 쇼핑몰, 병원에 이르기까지 AI 상담원들이 우리 곁으로 성큼 다가온 느낌입니다. 아직 걸음마 단계이긴 하지만 머지않아 이들은 고객 응대의 최전선에 우뚝 설 것으로 보입니다. 인간보다 정확하고 빠른 응대, 감정까지 읽어내는 섬세한 소통을 무기로 말입니다.

하지만 우리가 기술 발전에 심취한 나머지 정작 소통의 본질을 잃어버리지 않을까 우려되는 건 사실입니다. 아무리 똑똑한 AI라도 결국 프로그램일 뿐이라는 걸 잊지 말아야 합니다. '효율'에 가려 '공감'을 놓치지 않도록 유의할 필요가 있습니다, '자동화'에 밀려 '인간미'를 잃지 말아야 하겠죠. 기술을 인간을 위해, 인간답게 활용하는 지혜가 그 어느 때보다 절실한 시점인 것 같습니다.

앞으로 우리는 챗봇을 포함한 다양한 AI 기술들과 함께 살아가게 될 것입니다. 우리 삶에, 그리고 비즈니스 현장에 이런 기술들이 가져올 변화를 기민하게 포착하되 그 속에서 휘둘리지 않는 균형감각이 필요할 것 같습니다. 기술을 배우되 기술에 휘둘리지 않고, 기술을 활용하되 기술에 종속되지 않는 자세 말입니다. 그래야 우리는 AI 시대를 주도하는 당당한 주체로 설 수 있을 테니까요.

2장

# 이미지 생성 활용하기

해당 이미지는 Midjourney --v 6.0으로 제작하였습니다.

# 사진과 일러스트 생성하기

DALL-E, Midjourney, Stable Diffusion. 혹시 이런 이름들을 들어보셨나요? 이들은 모두 텍스트 프롬프트를 입력하면 그에 맞는 이미지를 생성해 내는 AI 모델들입니다. 사용자가

**Midjourney**

https://www.midjourney.com/home

"숲속의 푸른 호숫가에 앉아있는 토끼" 같은 텍스트를 입력하면, 마치 그림을 그리듯 묘사된 장면을 시각화해서 보여주죠. 마법 지팡이를 휘둘러 상상 속 세계를 눈앞에 펼쳐놓는 듯한 경험이랄까요? 그야말로 '창조'의 영역에 AI의 힘을 빌려오는 혁신적 시도라 할 수 있습니다.

이런 기술의 이면에는 심층 학습(Deep Learning)을 통한 이미지 이해 능력의 비약적 향상이 자리하고 있습니다. DALL-E 3의 경우 OpenAI에서 개발한 거대 언어 모델 GPT-3를 이미지 생성에 적용한 사례인데요. 수억 장의 이미지-텍스트 쌍으로 학습된 DALL-E 3는 문장 속 개체들의 시각적 속성과 관계를 인식하고, 그것을 토대로 적절한 이미지를 생성해 내는 것입니다. Stable Diffusion은 Stability AI에서 공개한 오픈소스 모델로, 누구나 쉽게 사용할 수 있다는 점이 특징입니다.

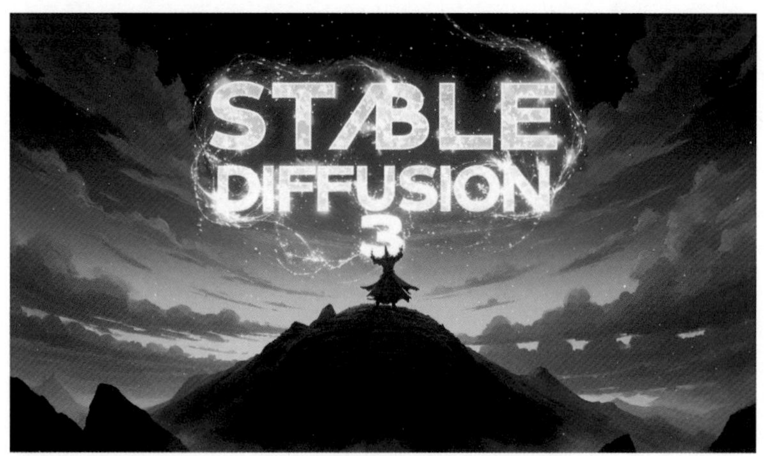


**Stable Diffusion**
https://stability.ai/stable-image

**ref.**

Rombach, Robin, et al. "High-resolution image synthesis with latent diffusion models." Proceedings of the IEEE/CVF conference on computer vision and pattern recognition. 2022.

이런 이미지 생성 기술은 일러스트레이션이나 사진 편집 분야에서 특히 큰 파급력을 보이고 있습니다. 전문 작가나 디자이너가 아니더라도 몇 번의 클릭만으로 원하는 콘셉트의 이미지를 얻을 수 있으니 창작의 진입장벽이 크게 낮아지는 셈입니다. 예를 들어 블로그나 브로슈어에 사용할 이미지가 필요하다고 해 볼까요? 원하는 주제의 이미지를 얻기 위해 유료 이미지 플랫폼을 뒤지고, 적당한 사진이 없으면 직접 촬영도 해야 했던 기존의 불편함이 해소되겠죠? 키워드 입력만으로 맞춤형 이미지를 즉시 얻을 수 있으니 작업 효율이 훨씬 높아질 것입니다.

디자이너들에게도 이미지 생성 AI는 매력적인 도구로 활용되고 있습니다. 아이디어 구상 단계에서 다양한 시안을 빠르게 테스트해 볼 수 있으니 창의적 탐색에 날개를 달아주는 셈입니다. 미국의 유명 잡지 '커버'의 표지 일러스트를 AI로 제작한 사례나, 유명 광고 캠페인의 콘셉트 아트를 AI로 그려낸 사례 등은 이런 변화의 흐름을 단적으로 보여주는 것 같습니다. 물론 AI가 디자이너의 역할을 완전히 대체한다기보다는, 루틴한 작업에서 해방시켜 주고 아이디어 실험의 폭을 넓혀준다는 차원에서 의미가 있어 보입니다.

사진작가들에게도 AI는 새로운 창작 도구로서 가능성을 열어주고 있습니다. 예를 들어 풍경 사진을 찍었는데 하늘이 좀 허전하다 싶으면, "파란 하늘에 뭉게구름이 몇 개 떠 있는 풍경"이라고 입력하는 것만으로도 자연스럽게 합성된 이미지를 얻을 수 있습니다. 복잡한 후보정 과정 없이도 손쉽게 사진을 보정하고 합성하는 것이 가능해진 것입니다. 나아가 AI에게 자신만의 촬영 스타일을 학습시켜 두면, 앞으로는 AI가 작가의 감성을 닮은 사진을 대신 생성해 줄 수도 있습니다.

예술 분야에서의 AI 활용도 눈여겨볼 만합니다. 최근에는 유명 화가의 작품을 학습한 AI 모델들이 등장하기 시작했거든요. 반 고흐풍 초상화를 그려준다거나, 카유주의 스타일을 모사한 추상화를 만들어주는 식입니다. 미술사 교육 차원에서도 흥미로운 실험이 될 것 같고, 또 예술가들에게는 새로운 영감의 원천이 되어 줄 수 있을 것 같습니다. 나아가 AI와의 협업을 통해 인간 예술가만의 독특한 감성과 AI의 정교함이 결합된 새로운 예술 장르가 탄생할 수도 있습니다.

이처럼 이미지 생성 AI는 창작자들에게 놀라운 생산성 향상과 창의적 도약의 기회를 안겨주고 있습니다. 손쉽게, 그리고 빠르게 이미지를 만들어낼 수 있게 되면서 콘텐츠 제작의 물리적 한계가 크게 낮아지고 있습니다. 또한 창의적 실험의 장을 넓혀줌으로써, 그동안 상상하기 어려웠던 시각적 표현들을 가능케 하고 있기도 합니다. 인간의 창의력과 AI의 생성력이 시너지를 발휘할 때, 우리는 시각 예술의 새로운 경지를 마주하게 될지도 모르겠습니다.

하지만 이런 변화가 가져올 부작용에 대해서도 염두에 둘 필요가 있어 보입니다. 예를 들어 저작권 문제나 딥페이크 같은 윤리적 논란거리가 생겨날 소지가 있는 것입니다. 학습 데이터로 사용된 이미지들의 저작권은 누구에게 귀속되는 걸까요? AI가 만들어낸 이미지를 악용해 가짜뉴스를 생성하면 어떡할까요? 기술이 고도화될수록 우리 사회가 합의해야 할 규범의 방향타를 잡는 일도 중요해질 것 같습니다. 포용적이고 지속 가능한 창작 생태계를 이루기 위해 기술과 제도, 윤리가 병행되어야 할 때입니다.

한편으로는 기술에 대한 맹신을 경계할 필요도 있을 것 같습니다. 아무리 뛰어난 AI라도 인간 창작자의 역할을 완전히 대체할 순 없을 테니까요. 인간만이 지닌 섬세한 감수성, 맥락을 꿰뚫어 보는 통찰력은 기계가 흉내 내기 어려운 영역이라고 볼 수 있습니다. 결국 중요한 건 AI를 창의력의 '도구'로 활용하는 우리의 자세일 것입니다. 기술에 휘둘리기보다 기술을 다스리는 열린 자세, 그리고 근본을 놓치지 않는 혜안 있는 시선. 그것이 AI 시대의 창작자에게 필요한 마음가짐이 아닐까 싶습니다.

## 로고 디자인과 마케팅 이미지 제작

브랜딩의 핵심 요소 중 하나가 바로 로고인데요. 기업의 정체성과 가치를 시각적으로 담아내는 상징이라 할 수 있습니다. 전통적으로 로고 디자인은 전문 디자이너들의 영역이었습니다. 기업의 특성을 깊이 이해하고 창의적 감각을 발휘해 독창적인 디자인을 만들어내는 게 그들의 역할이었죠. 하지만 이제 AI 기술의 발전으로 누구나 손쉽게 로고를 디자인할 수 있게 되었습니다. 원하는 콘셉트의 키워드만 입력하면 순식간에 다양한 로고 디자인 시안을 생성해 주는 서비스들이 등장했습니다.

로고 디자인 스타트업 'Looka'가 좋은 예시가 될 것 같습니다. 사용자가 기업명과 업종, 선호하는 스타일 등을 입력하면 AI가 그에 맞는 수십 개의 로고 디자인을 제안하는 방식입니다. 마음에 드는 디자인을 고르면 다시 세부 사항을 조정할 수도 있습니다. 브랜드 아이덴티티 구축에 어려움을 겪는 중소기업이나 스타트업에게 정말 유용한 서비스가 아닐 수 없습니다. 저렴한 비용으로 전문적인 수준의 로고를 얻을 수 있으니까요.

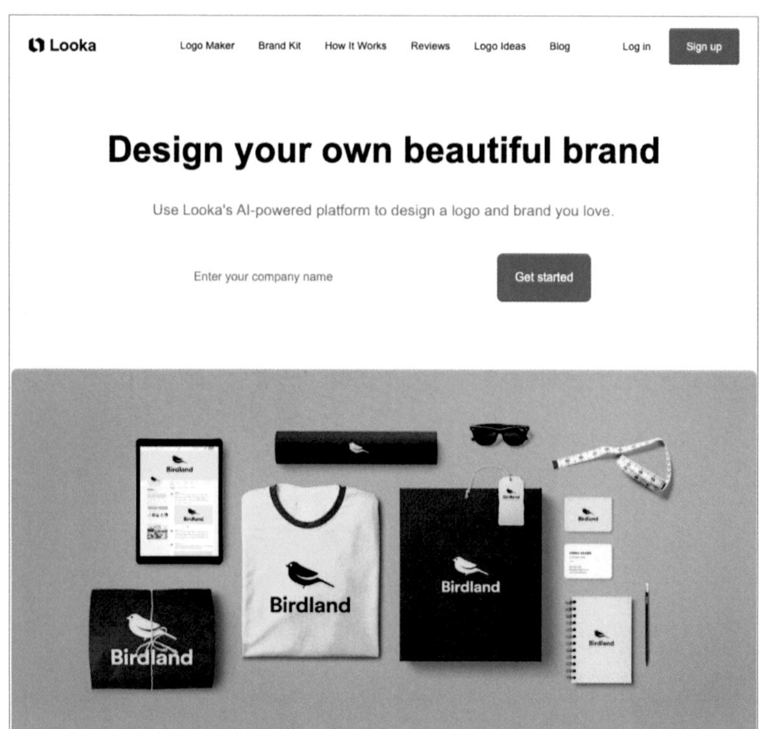


**Looka**
https://looka.com/

비슷한 서비스로 'Tailor Brands'도 눈여겨볼 만합니다. 사용자의 취향을 AI가 파악해 퍼스널라이즈된 로고 디자인을 제안하는 건데요. 브랜드의 개성을 로고에 반영하는 데 특히 강점이 있다고 합니다. 나아가 명함이나 웹사이트 디자인 등 브랜딩에 필요한 추가 요소들도 로고와 통일감 있게 제작해 준다고 합니다. 기업 아이덴티티를 일관되게 구축하는 데 있어 AI가 든든한 조력자 역할을 하는 셈입니다.

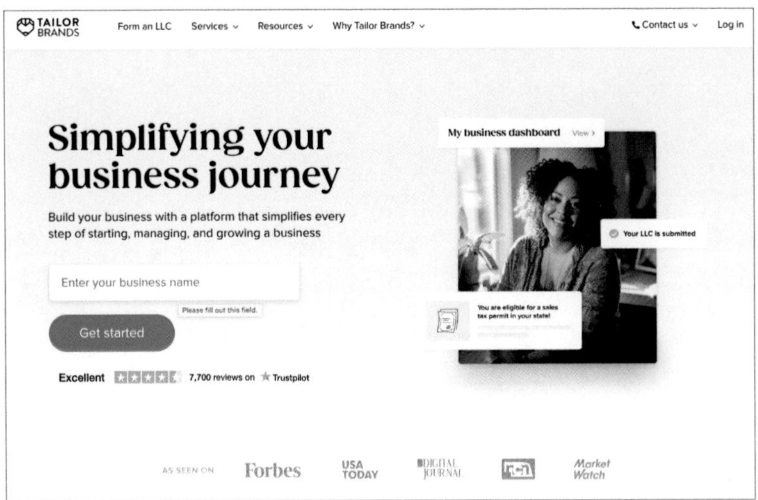


**Tailor Brands**
https://www.tailorbrands.com/

물론 AI가 디자이너의 역할을 완전히 대체할 순 없을 것입니다. 기업의 철학과 스토리를 깊이 이해하고 그걸 시각화하는 작업에는 인간 디자이너만의 섬세한 감각이 필요하니까요. 하지만 분명 AI 디자이너의 도움으로 창작의 속도와 효율은 크게 향상될 수 있어 보입니다. 많은 기업들이 초기 디자인 작업에 AI를 활용하고, 이를 바탕으로 전문 디자이너들이 세부 작업을 진행하는 식의 협업 모델을 만들어가고 있다고 합니다.

한편, AI 생성 이미지는 기업의 마케팅 활동에도 다양하게 활용되고 있습니다. SNS용 홍보 이미지부터 브로슈어, 광고에 이르기까지 시각 콘텐츠 제작에 AI의 힘을 빌리는 사례가 점점 늘어나고 있거든요. 친숙한 사례로 마케팅 이미지 생성 도구 '캔바

(Canva)'를 들 수 있을 것 같습니다. 제품 사진과 홍보 문구만 입력하면 SNS 채널별 최적화된 마케팅 이미지를 자동 생성해 주는 서비스입니다.

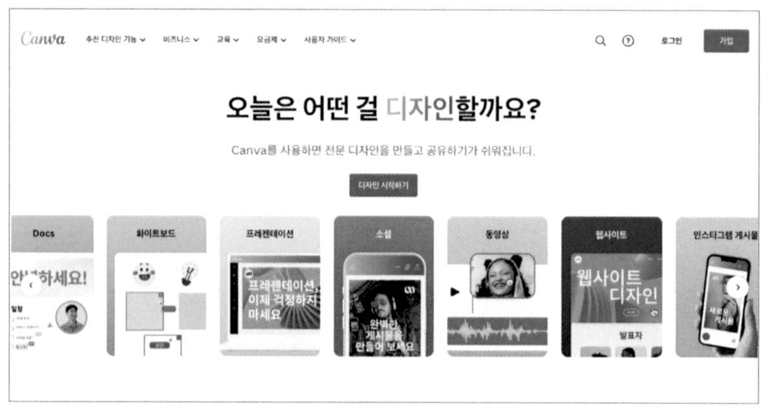


**Canva**
https://www.canva.com/create/ads/

뷰티 브랜드 '세포라'의 사례도 흥미롭습니다. 신제품 출시에 맞춰 매장 내 디스플레이를 교체해야 하는데, 코로나19로 인해 촬영이 여의찮았다고 합니다. 그래서 아예 매장 사진 위에 제품 이미지를 AI로 합성해 마치 실제 디스플레이 사진처럼 연출했다고 합니다. 브랜드 마케터들에게 AI 이미지 생성 기술은 정말 다재다능한 도구가 되어주고 있습니다. 비용과 시간을 크게 절감하면서도 퀄리티 높은 비주얼을 제작할 수 있게 해 주니까요.

온라인 패션 스토어들도 AI 이미지 생성 기술의 큰 수혜자입니다. 옷을 입은 모델의 사진을 찍는 대신 AI가 만들어낸 가상 모델

이미지를 쓰는 경우가 많아졌거든요. 심지어 매 시즌 새로운 콘셉트에 맞는 가상 모델들을 만들어낼 수 있다고 합니다. 화보 같은 느낌의 스타일리시한 이미지들을 값싸고 빠르게 대량 생산할 수 있게 된 것입니다. 온라인 쇼핑객들의 시선을 사로잡는 것은 물론, 브랜드 이미지 구축에도 크게 도움이 되고 있다고 합니다.

이렇듯 AI 이미지 생성 기술은 브랜딩과 마케팅 분야에 새로운 패러다임을 불러오고 있습니다. 중소기업이나 스타트업도 부담 없이 고품질의 비주얼 자산을 확보할 수 있게 되었고, 기업들은 한층 더 창의적이고 효율적인 방식으로 브랜드 스토리텔링에 나설 수 있게 되었죠. 더욱 섬세하게 타깃의 니즈를 반영한 비주얼 마케팅이 가능해진 것도 큰 변화입니다. AI가 빅데이터 분석을 통해 소비자 선호도를 예측하고 그에 맞는 이미지를 추천해 줄 수 있으니까요.

다만 이런 변화가 가져올 사회적 영향에 대해서도 깊이 생각해 볼 필요가 있습니다. 가령 무분별한 이미지 생성으로 인한 시각 공해나 저작권 침해 문제 같은 것들이 대두될 수 있습니다. 또 과도한 이미지 조작으로 인한 소비자 기만 등 윤리적 부작용도 경계해야 할 것 같습니다. 기술을 선한 방향으로 사용하고 그에 걸맞은 규범을 만들어가는 것, 기업과 소비자 모두의 몫이 아닐까 싶습니다.

또한 장기적으로는 AI와 인간 크리에이터의 공존 방안에 대해서도 함께 고민해 나가야 할 것 같습니다. 단순 이미지 생성을 넘어 창의적 영감을 주고 협업을 이끄는 존재로서 AI의 역할을 상상해 보는 것도 의미 있는 일이겠습니다. 기술과 인간이 조화를 이루며 더 나은 방향으로 브랜드 커뮤니케이션이 발전해 나갈 수 있도록 말입니다. 기업의 입장에서도 AI 디자이너를 어떻게 조직에 녹여낼지, 인간 구성원들과의 협업 체계를 어떻게 만들어갈지 진지하게 논의해 봐야 할 것입니다.

# 프로필 사진과 아바타 만들기

요즘 우리는 많은 시간을 온라인 공간에서 보내게 되면서 디지털 프로필의 중요성이 나날이 커지고 있습니다. 소셜 미디어는 물론 LinkedIn과 같은 전문 네트워크에서도 프로필 이미지는 자신을 표현하는 가장 핵심적 수단이 되었죠. 하지만 전문 사진작가에게 프로필 사진을 의뢰하는 건 은근히 부담스러운 일이잖아요? 이런 고민을 AI 기술로 해결할 수 있다는 사실, 궁금하지 않으신가요?

최근 큰 화제를 모았던 AI 기반 사진 편집 앱 'Lensa'가 좋은 사례가 될 것 같습니다. 사용자의 셀카를 업로드하면 다양한 화풍의 일러스트로 변환해 주는 서비스인데요. 뭔가 비현실적이면서도 동화 속 주인공이 된 듯한 느낌을 주는 프로필 사진이랄까요? 여러 나라의 화풍을 적용해 볼 수도 있고, 전사나 우주비행사 같은 직업 콘셉트의 프로필을 만들어볼 수도 있다는 점이 특히 재미있더라고요. 남다른 개성으로 SNS 프로필을 꾸미고 싶은 분들에게 안성맞춤인 도구가 아닐까 싶습니다.

**Lensa**

https://prisma-ai.com/lensa

비슷한 사례로 '뉴 프로필 픽(New Profile Pic)' 앱을 들 수 있을 것 같습니다. 사용자의 사진을 다양한 만화, 애니메이션 스타일로 변환해 주는 앱입니다. 유명 캐릭터처럼 꾸며진 나만의 프로필 이미지를 손쉽게 만들 수 있습니다. 원하는 헤어스타일과 의상, 표정을 고른 뒤 앱에 맡기면 몇 초 만에 생성해 준다니 정말 신기하더라고요. 덕분에 많은 사람들이 즐겁게 자신의 모습을 표현하고 공유할 수 있게 되었습니다. AI 기술이 개인의 정체성 표현에 얼마나 큰 힘을 실어주는지 실감케 하는 대목입니다.

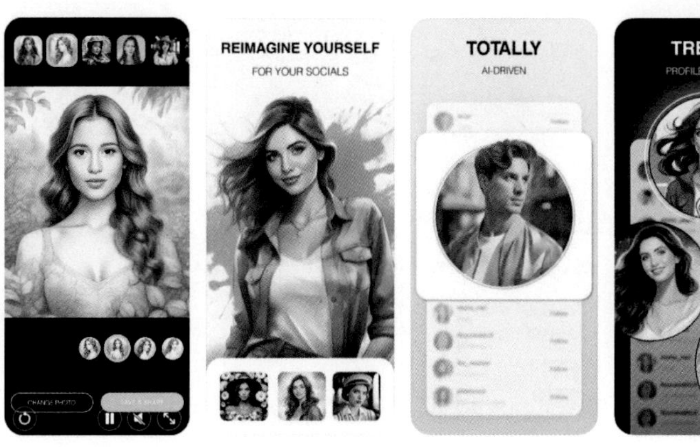


**New Profile Pic**
https://newprofilepicapp.com/

얼굴 합성 기술을 활용한 흥미로운 서비스도 있습니다. '리플리카(Replika)'라는 앱인데요. 사용자의 사진을 업로드하면 그와 유사한 얼굴들, 즉 내 '도플갱어'를 만들어주는 앱입니다. 놀랍게도 성별과 연령대를 바꾸어 합성하는 것도 가능하다고 합니다. 나의 노년 모습이 궁금하다면, 혹은 이성의 모습으로 변신하고 싶다면 리플리카에게 부탁해 보는 것은 어떨까요? 자신의 정체성을 새로운 시각으로 탐색해 보는 신선한 경험이 될 것 같습니다.

**Replika**
https://replika.com/

물론 이런 서비스들이 개인정보 보호나 윤리적 문제로부터 완전히 자유로울 순 없습니다. 내 사진을 악용하거나 도용하지는 않을까 하는 우려도 있을 수 있고요. 그래도 자신을 표현하는 새로운 방식을 제시하고, 나아가 정체성에 대한 고민의 지평을 넓혀준다는 점에서 긍정적으로 바라볼 만한 변화인 것 같습니다. 다만 기술 사용에 있어서의 주체성과 윤리의식은 잊지 말아야겠습니다.

한편, AI 기술은 가상 세계에서 우리를 대신할 아바타 제작에도 큰 도움을 주고 있습니다. 게임이나 메타버스 플랫폼에서 사용할 캐릭터 디자인에 AI를 활용하는 사례가 늘어나는 추세거든요. 사용자의 선호도에 맞춰 아바타를 자동 생성해 주고, 얼굴 특징을 분석해 닮은꼴 캐릭터를 찾아주기도 한다고 합니다. 덕분에 자신과 닮은, 그러면서도 이상적인 모습의 아바타를 꿈꾸는 이들의 바람을 AI가 하나둘씩 이뤄주고 있는 셈입니다.

대표적 사례로 '레디 플레이어 미(Ready Player Me)' 서비스를 꼽을 수 있습니다. 사진 한 장만 업로드하면 사실적인 3D 아바타를 자동으로 만들어주는 플랫폼입니다. 헤어스타일, 의상 등 세부 요소들을 사용자의 취향에 맞게 커스터마이징할 수 있는 건 물론입니다. 제페토나 로블록스 같은 메타버스 플랫폼은 물론, VR 게임이나 가상 회의 서비스 등에서 범용으로 활용할 수 있는 게 큰 장점입니다. 덕분에 누구나 손쉽게 자신만의 디지털 분신을 만들어 가상 세계를 누빌 수 있게 되었죠.

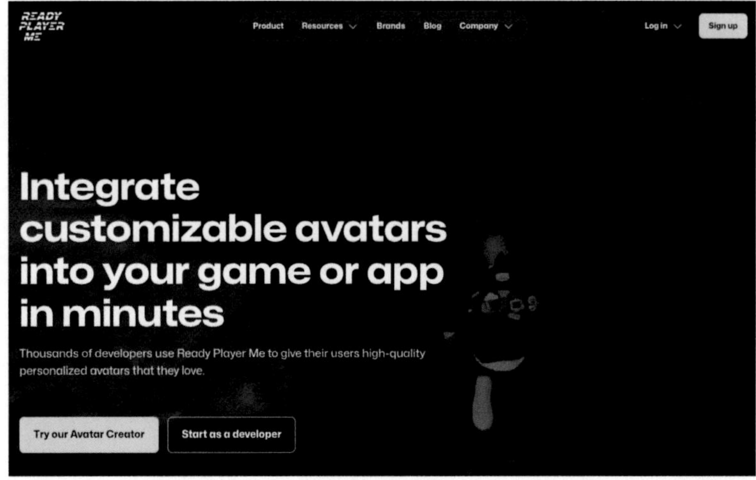


**Ready Player Me**
https://readyplayer.me/

아바타 생성에는 GAN 기술이 주로 활용된다고 합니다. 방대한 아바타 이미지 데이터를 학습한 AI가 사용자 사진의 특징을 분석하고, 유사도 높은 아바타를 찾아내거나 변형하는 방식입니다. 스타일을 지정하면 그에 맞는 의상과 헤어를 매치해 주기도 하고요. 어떤 아바타는 사용자의 표정이나 몸짓까지 실시간으로 반영한다니 정말 놀라운 기술입니다. 가상 세계에서 또 다른 나를 만나는 경험, 꼭 해보시길 추천합니다.

물론 AI 생성 아바타가 사람의 개성을 100% 담아내기는 어려울 것입니다. 그래도 기성 캐릭터 중에서 고르는 것보다는 훨씬 자신을 표현하기 용이합니다. 취향을 반영하고 닮은꼴을 적용하는 과정 자체가 정체성을 탐색하는 과정이 될 수 있으니까요. 나아가 이는 평범한 개인들도 자신만의 아바타를 갖고 메타버스 세계를 유영할 수 있게 만드는 원동력이 되고 있습니다. 진입장벽을 낮추고 만인의 참여를 이끄는 민주적 기술이라 할 만합니다.

AI와 아바타의 만남은 우리가 정체성을 인식하고 표현하는 방식에도 변화를 일으킬 것 같습니다. 가상 세계에서 보다 자유롭게 자아를 실험하고 확장할 수 있게 될 테니까요. 외모, 성별, 연령 등 현실의 제약에서 벗어나 새로운 정체성을 탐구하는 일. AI 덕분에 누구나 그런 기회를 누릴 수 있게 된 셈입니다. 디지털 분신을 통해 다양한 모습으로 사회적 관계를 맺고 활동하는 풍경을 상상해 보세요. 정말 흥미진진한 미래가 아닐 수 없습니다.

다만 이런 변화가 가져올 도전과제도 만만치 않아 보입니다. 예를 들자면 아바타와 실존 인격 사이의 혼란, 가상 정체성에의 과도한 의존 같은 문제 등입니다. 이에 대한 윤리적, 법적 기준

마련이 시급해 보이는데요. 무엇보다 우리 각자가 온오프라인에서 삶의 균형을 잃지 않는 디지털 리터러시를 갖추어야 할 것입니다. 기술을 인간다움의 도구로 현명하게 사용하는 지혜 말입니다.

# 3장

# 음악과 동영상 생성 활용하기

해당 이미지는 Midjourney --v 6.0으로 제작하였습니다.

# AI 작곡가 되어 음악 만들기

음악은 인간의 창의성과 감성이 가장 극명하게 드러나는 예술 장르 중 하나라고 할 수 있습니다. 작곡가의 영감과 음악적 아이디어가 선율과 화성, 리듬으로 구현되어 청자의 마음을 울리는 과정이란 참으로 경이롭고 신비롭죠. 그런데 최근 들어 딥러닝 기술의 비약적 발전으로 인공지능도 그 경지에 가까워지고 있다는 평가가 나오고 있습니다. 방대한 음악 데이터를 학습한 AI 모델들이 스스로 곡을 작곡하고 연주하기에 이른 것입니다.

대표적 사례로 구글 마젠타(Magenta) 프로젝트의 'MusicVAE'를 들 수 있을 것 같습니다. 수만 곡의 MIDI 데이터로 학습한 이 모델은 몇 가지 음표가 주어지면 거기에 어울리는 멜로디를 즉흥적으로 생성해 낸다고 합니다. 마치 즉흥 연주를 하듯이 말입니다. 화성 진행이나 리듬, 박자 같은 음악의 기본 요소들을 익혀 자연스러운 흐름의 선율을 만들어내는 모습이 인상적이었습니다. 작곡의 영역에서 인간의 고유한 역할로 여겨졌던 즉흥성과 창의성을 AI가 획득해 가는 순간을 보는 것 같아 놀라웠습니다.

**MusicVAE**
https://magenta.tensorflow.org/music-vae

음악 스타일 변환 기술의 진보도 주목할 만합니다. 가령 'Jukebox'라는 모델은 어떤 노래의 멜로디를 입력하면 그것을 재즈, 클래식, 록 등 다양한 장르의 스타일로 변환해 준다고 합니다. 마치 한 곡을 여러 뮤지션이 자신만의 느낌으로 편곡하는 것처럼 말입니다. 원곡의 특징은 유지하면서도 전혀 다른 색깔과 정서를 입혀내는 그 놀라운 변신은 마치 마법 같다는 생각이 들더라고요. 또 다른 모델인 'Differentiable Digital Signal Processing(DDSP)'는 오디오 신호를 분석하고 조작하는 능력이 뛰어나다고 합니다. 어쿠스틱 기타 연주를 일렉 기타 사운드로 바꾼다거나, 보컬의 음색을 자유자재로 변형하는 것이 가능하다고 합니다. 이런 기술력이라면 리메이크나 리믹스 작업에 엄청난 혁신을 불러올 수 있습니다.

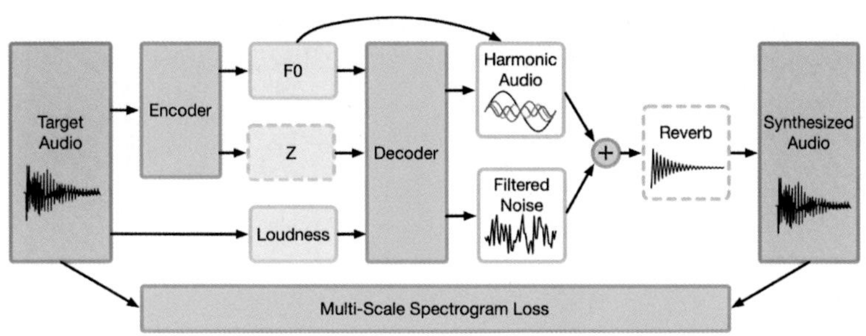


**Differentiable Digital Signal Processing(DDSP)(ref. https://magenta.tensorflow.org/ddsp)**

한편 'MuseNet'이나 'AIVA'와 같은 모델들은 특정 작곡가의 스타일을 학습해 비슷한 느낌의 곡을 작곡하기도 합니다. 모차르트

풍의 실내악이라든지 쇼팽 스타일의 피아노 소품을 쓰는 식입니다. 물론 거장들의 창의성과 예술성을 100% 구현했다고 보긴 어렵습니다. 하지만 작곡가의 음악적 아이덴티티와 고유한 어법을 인공지능이 포착해 낸다는 건 놀라운 일 아닐까요? 작곡 교육이나 음악 분석 영역에서 AI가 이바지할 수 있는 바가 상당할 것 같다는 생각이 듭니다.

**OpenAI MuseNet**
https://openai.com/research/musenet

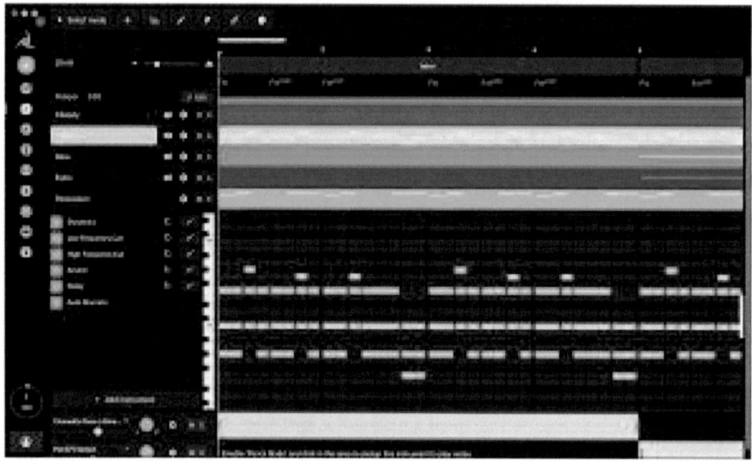

**AIVA**
https://www.aiva.ai/

최근에는 오픈AI의 'Jukebox', 구글 마젠타의 'MusicLM'처럼 가사 생성 능력까지 겸비한 모델들도 등장하고 있습니다. 멜로디와 반주는 물론 노랫말까지 AI가 만들어준다니 그야말로 컴퓨터 한

대면 누구나 싱어송라이터가 될 수 있는 세상이 성큼 다가온 느낌이랄까요? 아직 개발 초기 단계여서 완성도 높은 결과물을 기대하긴 어렵겠지만, 이런 플랫폼들이 음악을 취미로 배우는 입문자들에겐 많은 도움과 영감을 줄 수 있을 것 같습니다.

**OpenAI Jukebox**
https://openai.com/research/jukebox

**Google MusicLM**
https://google-research.github.io/seanet/musiclm/examples/

물론 AI가 작곡가를 완전히 대체할 수 있을 것이라 보기는 어렵습니다. 음악에는 그것을 창작하는 주체의 인간적 맥락과 예술적 철학이 녹아 있기 마련이니까요. 기술은 어디까지나 작곡가의 상상력을 보조하고 영감을 자극하는 도구로서 의미를 갖습니다. 그럼에도 AI가 음악의 경계를 넓히고 대중화하는 데 이바지할 가능성은 상당히 크다고 봅니다. 누구나 손쉽게 멋진 멜로디를 얻고, 자신만의 음악을 만들 수 있는 세상. 그런 미래를 AI가 앞당겨주고 있는 게 아닐까요?

한편으로는 이런 변화가 음악 산업과 창작 환경에 미칠 영향에 대해서도 생각해 볼 필요가 있습니다. 대량 생산되는 AI 음악이 창작자들의 설 자리를 위협하진 않을지, 저작권 문제는 어떻게 풀어갈 것인지 등 풀어야 할 숙제들이 만만치 않아 보이거든요. 기술과 산업, 정책이 조화를 이루는 지혜로운 접근이 요구되는 대목입니다. 무엇보다 AI를 창의성의 도구로 현명하게 활용하면서도 음악에 생명을 불어넣는 것은 결국 '사람'이라는 점을 잊지 말아야 할 것 같습니다.

AI 작곡은 분명 음악의 미래를 열어갈 게임 체인저입니다. 대중들의 음악 향유는 물론 작곡가들의 창작 역량도 한 단계 도약시킬 잠재력을 품고 있습니다. 동시에 음악 고유의 본질과 가치, 창작자로서 인간의 역할에 대해서도 깊이 생각해 보게 만드는 계기가 되고 있고요. 기술과 예술, 혁신과 성찰이 조화를 이루는 접점을 모색해 나가는 것. 그것이 우리에게 주어진 시대적 과제이자 기회라는 생각이 듭니다.

## 개인 맞춤형 오디오북과 낭독 제작

오디오북이란 책의 내용을 음성으로 녹음한 콘텐츠를 말합니다. 눈이 피로한 현대인들이나 책 읽는 것을 어려워하는 분들에게 큰 사랑을 받고 있습니다. 운전 중이나 가벼운 운동을 하면서도 책을 읽을 수 있다는 게 오디오북의 큰 매력이라 할 수 있습니다. 문제는 제작 과정에서 적잖은 비용과 시간이 든다는 것입니다. 성우를 섭외하고 녹음하고 편집하는 데 상당한 공을 들여야 하거든요. 그런데 인공지능 덕분에 이제 그 과정이 크게 단축되고 있다고 합니다. 바로 AI 음성합성 기술을 활용한 오디오북 제작이 가능해진 것입니다.

AI 성우라 불리는 음성합성 모델들은 딥러닝을 통해 방대한 음성 데이터를 학습한 덕분에 자연스럽고 유창한 합성음을 만들어낼 수 있게 되었습니다. 문장의 억양과 강세, 간투사까지 사람과 거의 구별할 수 없을 정도라고 합니다. 그뿐만 아니라 다양한 목소리 톤과 말투를 구사할 수 있어서 등장인물의 감정 상태나 개성을 효과적으로 표현하는 것도 가능해졌다고 합니다. 이제 책의 텍스트만 입력하면 마치 그 책의 주인공이 들려주는 것 같은 생생한 오디오북을 손쉽게 제작할 수 있게 된 셈입니다.

세계 최대 오디오북 플랫폼 'Audible'에서 AI 낭독 서비스를 선보인 것이 대표적인 사례가 될 것 같습니다. 'Audible AI Narration'이라는 이름의 이 서비스는 AI 음성으로 오디오북을 제작해 주는 기능을 제공하고 있습니다. 작가나 출판사가 원고만 등록하면 머신러닝 알고리즘이 내용을 분석하고 적절한 목소리와 억양, 속도로 녹음해 준다고 합니다. 게다가 등장인물의 성별과 연령, 국적에 따라 각기 다른 보이스를 매칭한다니 정말 신기한 기술

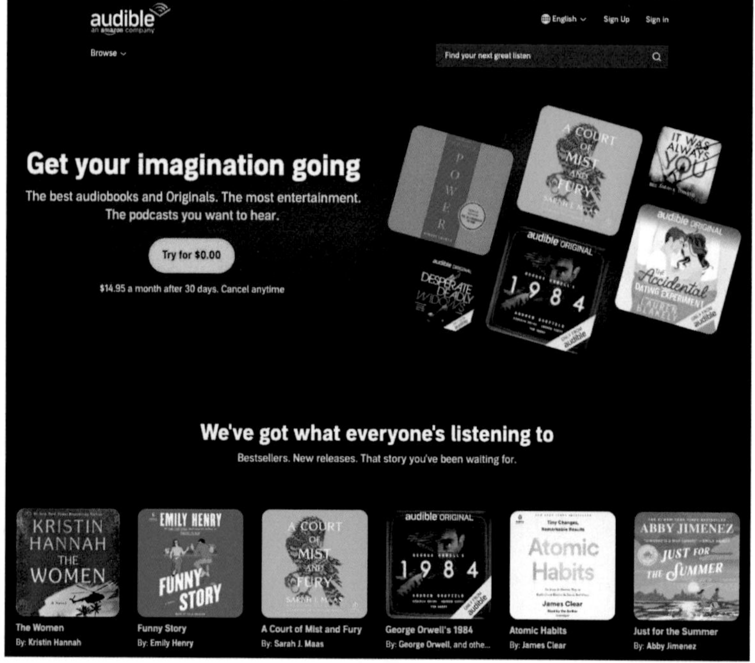


**Audible**

https://www.audible.com/

아닌가요? 수작업으로 녹음하던 전통적 방식과 비교하면 제작 시간과 비용을 획기적으로 줄일 수 있을 것 같습니다.

음성합성 스타트업 'DeepZen'의 서비스도 눈여겨볼 만합니다. 텍스트를 감정적이고 영화적인 내레이션으로 변환해 주는 게 특징입니다. 소설은 물론 시나리오나 다큐멘터리 원고에도 활용할 수 있어서 영상 콘텐츠 제작자들에게 큰 호응을 얻고 있다고 합니다. 무려 70여 개 언어를 지원하는 것은 물론, 언어별 주요 방언까지 구현이 가능하다니 정말 놀라운 기술입니다. 생생한 현장감이 살아있는 다국어 오디오 콘텐츠 제작이 훨씬 쉬워질 것으로

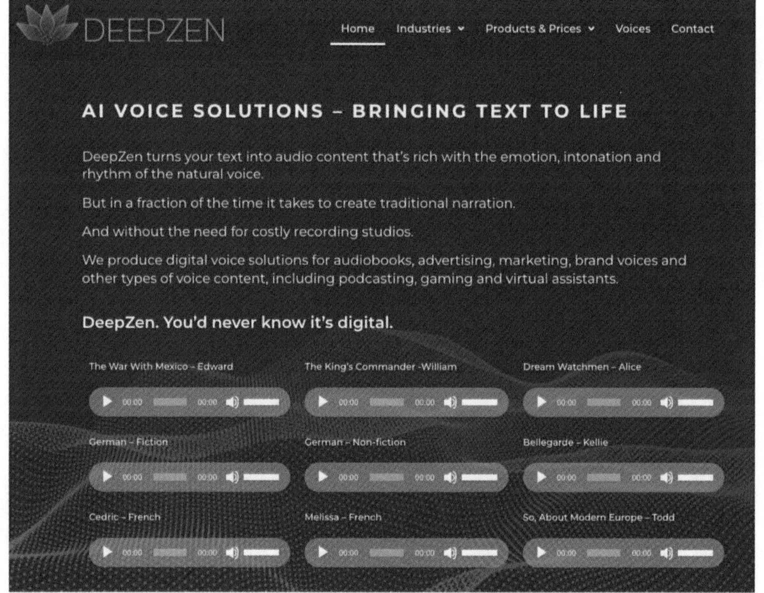


**Deepzen**

https://deepzen.io/

생각됩니다.

한편 AI 낭독 기술은 개인화된 오디오북 서비스로도 활용되기 시작했습니다. 가령 'Bookbot'이라는 앱은 사용자가 좋아하는 책을 직접 음성으로 읽어주는 서비스를 제공합니다. 내가 원하는 목소리와 속도, 억양을 선택할 수도 있고, 책갈피를 설정하거나 메모가 가능합니다. 아이들을 위한 동화책 읽기 기능도 갖추고 있어서 바쁜 부모들에게 유용할 법한 기능입니다. AI 스피커와 연동돼서 음성 명령으로 독서를 제어하는 것도 가능하다고 하니 편리함이 한층 업그레이드될 것 같습니다.

이처럼 AI 기술은 오디오북 시장에 새로운 바람을 일으키고 있

**Bookbot**
https://www.bookbotkids.com/

습니다. 전문 성우가 아니어도, 복잡한 녹음 장비 없이도 품질 높은 오디오북을 제작할 수 있게 되면서 접근성이 크게 향상되고 있거든요. 향후에는 개인 크리에이터들도 AI의 도움을 받아 자신만의 오디오 콘텐츠를 활발히 선보일 수 있게 될 것입니다. 오디오북이 대중화되고, 더 많은 사람이 귀로 즐기는 독서의 매력에 빠질 수 있는 계기가 마련된 셈입니다.

한국어 Text to Speech(TTS) 분야에서 가장 두각을 나타내는 서비스는 TypeCast입니다. AI 보이스 생성에서는 감정 입력을 통해 더욱 자연스러운 음성을 제작할 수 있습니다. 가상 인간 캐릭터를 활용하여 동영상을 제작하는 것이 가능합니다.

**TypeCast**
https://typecast.ai/kr

특히 시각장애인이나 난독증 환자들에게 AI 오디오북은 더할 나위 없이 반가운 기술 혁신일 것입니다. 장애나 질병 때문에 책과 지식에 대한 접근성이 낮았던 분들에게 새로운 기회의 문이 열리고 있으니까요. 앞으로는 모든 종류의 텍스트를 개인의 상황에 맞춰 음성으로 변환해 주는 '유니버셜 낭독 서비스'도 얼마든지 가능해질 것 같습니다. 교육의 기회 평등이라는 관점에서도 AI가 이바지할 수 있는 바가 크겠습니다.

물론 우려의 목소리도 있습니다. 합성된 목소리가 아무리 사람 같아도 진짜 '낭독'의 감동을 주기는 어려울 거라는 지적이 있는가 하면, AI가 성우들의 일자리를 위협할 수 있다는 불안감도 제기되곤 합니다. 기술의 발전이 예술적 가치의 하락으로 이어지진 않을지, 기계가 인간 고유의 영역을 잠식하진 않을지 경계의 목소리도 나오고 있는 상황입니다.

하지만 장기적으로 볼 때 AI 기술은 오디오북 산업의 파이를 키우고 시장을 활성화하는 효과를 가져올 것으로 기대됩니다. AI가 단순 작업을 대신해 줌으로써 인간 크리에이터들이 더 창의적이고 고차원적인 영역에 집중할 수 있을 테니까요. 나아가 성우와 작가, 독자를 잇는 새로운 형태의 협업과 상생의 생태계가 만들어질 수 있을 것입니다. 기술과 사람이 조화를 이루며 서로의 가치를 높이는 지혜로운 공존을 모색해 나가는 것, 그것이 우리에게 주어진 시대적 과제이자 기회라는 생각이 듭니다.

## 홈 비디오 편집과 특수 효과 적용

스마트폰의 보급과 소셜미디어의 발달로 개인 영상 제작이 크게 늘어난 것, 모두가 느끼고 계실 것입니다. 일상의 순간들을 담은 브이로그부터 아기의 성장 과정을 기록한 홈 비디오, 여행지에서 찍은 풍경 영상에 이르기까지. 스마트폰 하나만 있으면 누구든 자신만의 콘텐츠를 만들어낼 수 있게 된 건 참 멋진 변화입니다. 하지만 생각만큼 쉽지 않은 게 있습니다. 바로 촬영한 영상을 편집하고 다듬는 과정인데요. 시간도 많이 들고 여간 까다로운 게 아니잖아요? 바로 여기에 AI 기술이 힘을 보태기 시작했습니다.

스마트폰용 자동 영상 편집 앱들이 그 좋은 예시가 될 것 같습니다. 'Magisto', 'Quik', '위바 비디오(Wiva Video)' 같은 서비스들 말입니다. 이들은 AI 알고리즘을 활용해 사용자가 촬영한 영상 클립들을 분석하고, 하이라이트 장면을 추출합니다. 그리고 그것들을 멋지게 연결해 완성된 하나의 영상으로 만들어준다고 합니다. 영상의 구도와 화질, 안정성까지 자동으로 최적화해 주는 똑똑한 친구들이죠. 덕분에 영상 편집에 대해 아무것도 모르는 초

보자들도 손쉽게 전문가 못지않은 비디오를 제작할 수 있게 되었습니다.

**Magisto**

https://www.magisto.com/didit

**Quik**

https://gopro.com/ko/kr/shop/quik-app-video-photo-editor

특히 'Magisto'의 경우 사용자의 편집 패턴을 학습하는 기능까지 탑재하고 있다고 합니다. 내가 선호하는 장면 전환 효과라든가 자주 사용하는 필터 등을 AI가 기억했다가 자동으로 적용해 준다니 정말 편리하겠습니다. 내 취향을 알아서 캐치하는 영상 편집 비서가 생긴 느낌이랄까요? 나만의 영상 스타일이 저절로 만들어지는 기분, 상상만 해도 설레지 않나요?

이번에는 특수 효과 적용 부분을 살펴보겠습니다. SF 영화에서나 볼 법한 그런 멋진 장면 연출 말입니다. 이 분야에서도 AI의 도움을 크게 받고 있다고 합니다. 사람이 직접 하기엔 너무나 복잡하고 전문성이 필요했던 작업들을 딥러닝 모델들이 순식간에 처리해 주고 있거든요. 대표적인 서비스로 '런웨이 ML(Runway ML)'을 꼽을 수 있을 것 같습니다. 동영상에 다양한 스타일 트랜스퍼 효과를 입힐 수 있는 플랫폼인데요. 일상 풍경을 마치 반 고흐나 모네의 그림처럼 만들어준다고 합니다. 내 브이로그가 인상파 영화가 되는 마법 같은 일이 벌어지는 것입니다.

최근에는 실시간 얼굴 인식과 움직임 트래킹 기술도 크게 발전하면서 정말 신기한 일들이 일어나고 있습니다. 스마트폰 앱 '리페이스(Reface)'가 딱 그런 경우인데요. 짧은 영상에 내 얼굴을 합성해 마치 내가 영화 주인공이 된 것 같은 클립을 만들어준다고 합니다. 셀럽들의 뮤직비디오나 유명 영화의 명장면을 패러디하기에 딱 좋은 서비스죠. SNS 피드가 AI 합성 영상들로 넘쳐날 날이 머지않은 것 같습니다.

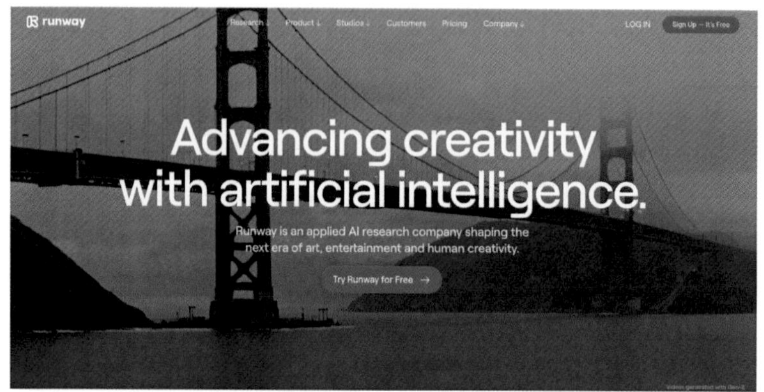


**RunwayML**

https://runwayml.com/

**Reface**

https://reface.ai/

물론 이런 기술들이 완벽하다고 보긴 어렵습니다. 가끔 어색한 장면 연결이 눈에 띄기도 하고, 얼굴 합성이 부자연스러울 때도 있거든요. 무엇보다 너무 손쉽게 딥페이크 영상을 만들어낼 수 있다는 점은 우려스러운 부분이기도 합니다. 그럼에도 홈 비디오 제작에 AI 기술이 크게 기여하리라는 점은 분명해 보입니다. 전문 지식이나 장비가 없어도 누구나 감각적인 영상을 만들 수 있게 해 줄 테니까요. 1인 미디어 시대에 창작의 지평을 넓히고 표현의 다양성을 북돋는 원동력이 되어줄 거라 믿어 의심치 않습니다.

국내의 대표적인 AI 기반 영상 제작 도구로는 Vrew를 들 수 있습니다. Vrew는 음성인식 기능을 통한 자막 자동 생성 기능으로 유명해졌는데요. 지금은 직접 녹음하지 않고 원고만으로 500여 개의 AI 목소리를 사용하여 더빙도 가능합니다. 또한 상업적으로 사용할 수 있는 무료 이미지, 비디오, 배경음악을 배치해 줍니다. 텍스트로 비디오를 만드는(Text to Video) 전 과정을 인공지능을 활용하여 영리하게 도와주는 서비스입니다.

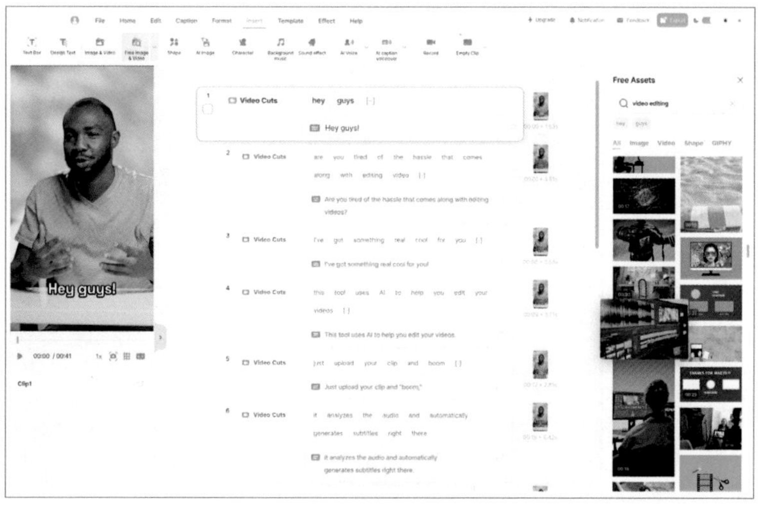


**Vrew**

https://vrew.voyagerx.com/ko/

향후에는 스토리 구성이나 편집 구조까지 AI가 제안하는 수준 높은 서비스도 출시될 것으로 기대됩니다. 내가 찍은 영상들의 맥락과 분위기를 파악해 가장 어울리는 내러티브를 자동 생성해 주는 식으로 말입니다. 여행 브이로그를 할리우드 영화 예고편 스타일로 제작한다거나, 아기의 성장 과정을 다큐멘터리처럼 엮어주는 걸 상상해 보세요. 누구나 자신의 일상을 마치 영화처럼 멋진 비주얼로 기록하고 공유할 수 있게 되는 것입니다.

물론 이 모든 변화의 중심에는 여전히 '사람'이 있어야 합니다. 아무리 AI가 똑똑해져도 진정 의미 있고 감동적인 순간을 포착하는 건 결국 우리의 몫이니까요. 영상에 담긴 스토리와 정서, 메시지는 기계가 아닌 인간의 가치관에서 비롯되는 거잖아요. 그래서 AI를 단순히 편집 도구 이상의 존재로 바라보는 자세가 중요합니다. 창의력의 주체는 어디까지나 우리라는 걸 잊지 말아야 할 것입니다.

그러면서도 한편으론 기술을 즐기고 적극 활용하는 열린 자세 또한 필요하다고 봅니다. 새로운 표현 수단의 등장을 기꺼이 환영하고, 그것이 우리 삶에 가져다줄 긍정적 변화를 기대하는 마음가짐 말입니다. AI가 열어줄 영상 편집의 놀라운 미래를 마주할 준비, 지금 우리는 그 준비를 모두 마쳤을까요?

# 4장

# 게임과 메타버스에서 활용하기

해당 이미지는 Midjourney --v 6.0으로 제작하였습니다.

# 게임 캐릭터와 배경 디자인

여러분은 최신 게임들을 보면서, 언젠가는 그런 놀라운 그래픽을 감상하는 것이 아니라 직접 만들어 볼 수 있으면 어떨까 상상해 본 적 있으신가요? 게임 디자이너가 되어 생동감 넘치는 캐릭터들을 창조하고, 아름답고 현실감 넘치는 가상 세계를 설계해 보는 것입니다. 최근 급속도로 발전 중인 인공지능 기술은 이 같은 꿈을 이제 우리 모두의 현실로 만들어가고 있습니다. AI가 게임 개발, 특히 캐릭터 디자인과 배경 제작 분야에 불러올 혁신적 변화에 대해 알아볼까 합니다.

게임 속 캐릭터는 단순한 아바타 그 이상의 의미를 지니고 있습니다. 플레이어가 게임 세계를 탐험하고 모험을 즐기는 동반자이자, 스토리를 이끌어가는 주체죠. 때로는 게임의 상징으로 자리매김하기도 하고요. 그래서 매력적이고 기억에 남을 만한 캐릭터를 디자인하는 건 게임의 성패를 가르는 아주 중요한 과제라 할 수 있습니다. 이 지점에서 AI 기술의 힘을 빌리는 게임사들이 늘어나는 추세입니다. 딥러닝 기반의 이미지 생성 모델을 활용해 캐릭터 디자인 작업을 한층 더 효율적이고 창의적으로 진행하고 있다고 합니다.

유명 온라인 게임 '파이널 판타지 14'의 개발사 스퀘어 에닉스는 AI 기술을 적극 도입하고 있는 대표적 사례로 꼽힙니다. GAN(Generative Adversarial Network) 모델을 활용해 게임 내 등장인물들의 의상 디자인을 자동 생성하는 시스템을 구축했다고 합니다. 디자이너가 원하는 콘셉트의 키워드를 입력하면 AI가 그에 맞는 다양한 의상 디자인 샘플을 뽑아준다는 것입니다. 색상이나 문양, 장식 등 세부 요소들의 조합까지 자유자재로 바꿔가며 아이디어를 실험해 볼 수 있어 작업 효율이 크게 향상되었다고 합니다.

게임 캐릭터의 얼굴 디자인에도 AI의 힘이 발휘되고 있습니다. 넷이즈 게임스 AI 랩(NetEase Games AI Lab)에서는 셀카에서 애니메이션으로, 안경 제거, 성별 전환 등에 강력한 성능을 보여주는 SPatchGAN을 발표하기도 했습니다. 수집된 다양한 인물 사진 데이터를 학습한 AI가 게임 분위기에 걸맞은 개성적인 얼굴들을 자동으로 생성해 낸 것입니다. 여기에 디자이너의 터치를 더해 창천만의 독특한 캐릭터성을 구현해 냈다고 합니다. 실제 배우를 섭외하거나 일일이 그림을 그리는 전통적 방식과 비교하면 제작 기간과 비용을 크게 단축할 수 있었던 셈입니다.

3D 모델링 분야에서도 AI 활용 사례가 늘어나는 추세입니다. 루트 모션 데이터를 학습한 AI가 캐릭터의 움직임과 춤사위를 자연스럽게 만들어낸다거나, 사람의 얼굴을 3D 아바타로 자동 변환해 주는 기술 같은 게 대표적입니다. 최근에는 2D 이미지를 입

력하면 그에 맞는 3D 모델을 생성해 주는 시스템도 등장했습니다. 평면적인 콘셉트 아트나 스케치를 바로 입체적인 캐릭터로 구현할 수 있게 된 것입니다. 덕분에 모델러들은 루틴한 작업에서 벗어나 보다 창의적인 디자인에 집중할 수 있게 되었습니다.

이 모든 기술의 핵심에는 '프로시저럴 생성(Procedural Generation)'이라는 개념이 자리하고 있습니다. 미리 정해진 규칙과 알고리즘에 따라 콘텐츠를 자동으로 만들어내는 기술을 말하는데요. 방대한 데이터와 복잡한 연산이 필요한 딥러닝 기술의 특성상 게임 개발에 최적화된 방식이라고 할 수 있습니다. 예를 들어 게임 내 등장할 수만 가지 무기를 일일이 디자인한다면 엄청난 공수가 들텐데, 알고리즘을 통해 자동 생성하면 훨씬 효율적으로 작업할 수 있는 것입니다. 유사한 방식으로 갑옷, 장신구, 심지어 몬스터의 생김새까지 만들어낼 수 있다고 하니 그 활용 범위가 무궁무진할 것 같습니다.

물론 배경 디자인 분야에서도 AI의 약진은 놀라울 정도입니다. 특히 넓고 복잡한 오픈 월드 게임이나 MMORPG 장르에서 그 위력을 발휘한다고 합니다. 매번 새로운 공간을 기획하고 제작하는 데 드는 비용과 시간을 크게 줄일 수 있거든요. 대표적인 사례가 헬로 게임즈의 어드벤처 게임 '노 맨스 스카이(No Man's Sky)'인데요. 프로시저럴 생성 기술을 활용해 무려 18억 개에 달하는 행성을 만들어냈다고 합니다. 지형과 동식물의 상, 기후는 물론 외계 문명의 건축물과 우주선까지. 그야말로 손으로 만든 듯 정교하고 다양한 우주를 탄생시킨 것입니다.

최근 에픽게임즈는 '리얼리티 캡처'라는 흥미로운 AI 툴을 선보이기도 했습니다(사실은 Photogrammetry 기반 도구이지만 AI 기술들을 적극적으로 이식하고 있습니다). 드론으로 촬영한 실제 지형 이미지를 입력하면 게임엔진용 3D 배경 에셋을 자동으로 만들어준다는 건데요. 마치 현실 세계를 그대로 게임 속에 옮겨 놓은 것 같은 경이로운 그래픽을 경험할 수 있게 된 것입니다. 사실적인 배경을 손쉽게 제작할 수 있게 됨으로써 게임 개발의 표현력이 크게 확장될 것으로 기대되고 있습니다. 앞으로는 우리가 살고 있는 도시나 자연환경이 게임 속 무대로 스르륵 녹아 들어가는 풍경이 낯설지 않게 될지도 모르겠습니다.

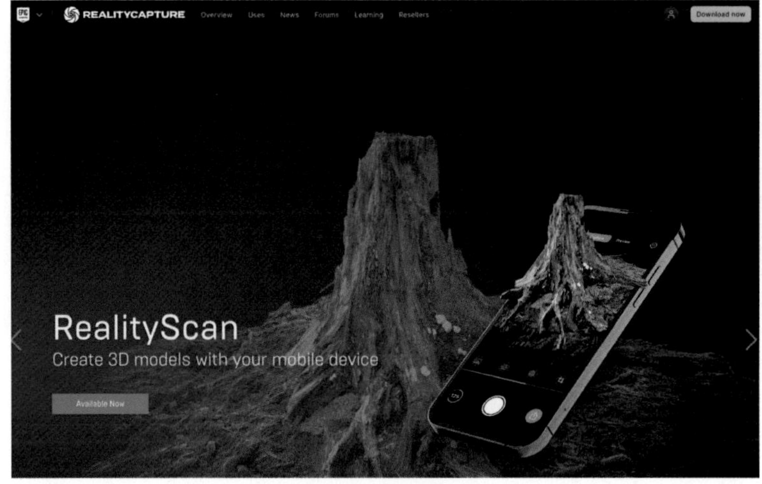


**Reality Capture**
https://www.capturingreality.com/

이처럼 게임 개발 전반에 걸쳐 AI 기술이 맹활약을 펼치고 있는데요. 이는 분명 게임의 품질과 다양성 향상에 이바지할 것으로 보입니다. 보다 창의적이고 방대한 콘텐츠를 제공할 수 있게 되면서 플레이어들에게 신선한 재미를 선사할 수 있을 테니까요. 나아가 게임사들은 콘텐츠 개발에 드는 시간과 비용을 아낄 수 있게 됨으로써, 스토리텔링이나 게임성 등 핵심 경쟁력 강화에 더욱 매진할 수 있게 되었죠. 결과적으로 우리는 한층 더 진화한 게임들을 만나볼 수 있을 것입니다.

사실 이는 게임 산업에 국한된 얘기는 아닌 것 같습니다. 영화, 애니메이션 등 다양한 엔터테인먼트 분야에서도 AI 기반의 콘텐츠 제작 도구들이 각광받고 있거든요. 미래에는 우리 일상 곳곳에서 AI와 인간 크리에이터가 협업하며 만들어낸 창의적 결과물들을 볼 수 있지 않을까 싶습니다. 교육이나 의료 같은 분야에서도 AI로 제작된 시뮬레이션 콘텐츠가 큰 역할을 하게 될 거고요. 현실과 가상의 경계가 점점 허물어지는 시대, AI 콘텐츠 제작 기술의 진화는 우리 삶의 모습 자체를 크게 변화시킬 것만 같습니다.

한편으로는 이런 변화가 가져올 사회적 영향에 대해서도 곰곰이 생각해 볼 필요가 있을 것 같습니다. 인간 크리에이터의 역할과 입지는 어떻게 달라질까요? 저작권이나 윤리적 이슈에 어떻게 대처해야 할까요? AI 기술의 발전 속도를 예술적, 인문학적 통찰이 따라가지 못하면 어떤 문제가 생길까요? 우리에겐 기술 활용의 지혜만큼이나 성찰의 지혜도 필요해 보입니다. AI의 창의성을 최대한 끌어내되, 인간만이 줄 수 있는 감동과 통찰을 잃지 않는 방향으로 나아가야 할 것입니다.

# NPC 대화 생성과 퀘스트 제작

RPG나 어드벤처 장르처럼 스토리 중심의 게임에서 NPC는 참 중요한 역할을 담당하고 있습니다. 주인공의 모험을 이끌어주고, 세계관을 풍성하게 만들어주는 존재들입니다. 게이머 입장에서도 그들과의 대화를 통해 게임에 보다 깊이 몰입하게 되고, 감정적 유대감을 쌓아갈 수 있습니다. 문제는 매력적인 NPC를 만드는 게 결코 쉬운 일이 아니라는 것입니다. 개성 있는 캐릭터성을 부여하고, 상황에 맞는 대사를 작성하는 데 만만치 않은 공이 들어가거든요. 여기에 대화 분기까지 넣으려면 경우의 수가 기하급수적으로 늘어날 수밖에 없죠. 게임 규모가 커질수록 필요한 대사의 양도 어마어마해지고요. 바로 이런 어려움을 타개하기 위해 개발사들이 AI 기술에 눈독 들이고 있다고 합니다.

대표적인 사례로 인공지능 기반 대화 생성 툴 'AI Dungeon'을 들 수 있을 것 같습니다. OpenAI의 GPT-3 언어 모델을 활용한 이 서비스는, 사용자가 입력한 텍스트에 대해 매우 자연스럽고 창의적인 응답을 제공하는 것으로 유명합니다. 게임 속 상황을 묘사하면 마치 그 시공간에 있는 것처럼 실감 나는 NPC의 대사를 즉석에서 만들어준다고 합니다. 캐릭터의 성격이나 태도, 심리 상태까지 섬세하게 반영된 듯한 말투로 말입니다. 게임 스토리 작가들에게 아주 쓸만한 도우미가 될 수 있을 것 같습니다. 물론 최종 대사를 확정하는 건 사람의 몫이겠지만, 아이디어 발상에서부터 퇴고 작업에 이르기까지 AI의 도움을 받을 수 있으니 작업 효율은 눈에 띄게 오를 것입니다.

나아가 AI는 게임 속 대화의 인터랙티브한 측면을 대폭 강화해 줄 수 있습니다. 고정된 텍스트만 읊조리는 게 아니라 상황과 맥락에 맞춰 실시간으로 대사를 생성해 내는 것입니다. 가령 게이머의 말에 귀 기울여 그에 걸맞은 응답을 하고, 심지어 질문을 던지기도 하는 식으로요. 유동적인 대화 시스템 속에서 NPC와 한층 더 역동적으로 소통하게 되는 셈입니다. 모험을 함께 떠나는 친구 같은 존재감을 불어넣는 것입니다. AI 기반 음성합성 기술과 결합한다면 정말 살아 숨 쉬는 듯한 동반자를 만날 수도 있습니다. NPC와의 교감이 게임을 더 재미있게 만드는 요인이 될 때가 머지않았습니다.

그렇다면 AI는 NPC들이 게이머에게 내거는 '퀘스트' 디자인에도 일조할 수 있을까요? 퀘스트야말로 게임 내 활동을 추동하고, 세계관을 탐구하게 만드는 원동력이라 할 수 있는데요. 사실 흥미로운 퀘스트를 기획하는 건 게임 디자이너에겐 늘 도전과제와도 같습니다. 그런데 최근 AI를 활용한 퀘스트 자동 생성 기술이 연구되고 있다고 합니다. 게임 속 지형, NPC, 아이템 등을 분석해 플레이 상황에 걸맞은 임무를 실시간으로 만들어내는 방식으로요. 이를테면 "마을에 전염병이 돌고 있으니 해독초를 3가지 구해오라"와 같은 맞춤형 퀘스트를 제시하는 식입니다. 심지어 선택에 따라 에피소드가 다르게 전개되는 것까지 고려해 복수의 시나리오를 짜내기도 한답니다.

상용화된 사례로는 '엘더 스크롤 온라인'의 'Radiant AI' 시스템을 꼽을 수 있습니다. NPC의 일과를 리얼하게 시뮬레이션하는 것은 물론, 이들의 행동 양식을 바탕으로 동적 퀘스트를 만들어낸다고 합니다. 가령 산적과 교전을 벌이다 밤이 찾아오면, 도망친 적을 마을까지 추격하는 새로운 미션이 등장하는 식입니다. 예기치 못한 전개에 게이머들도 짜릿한 긴장감을 느낄 수 있습니다. 이런 돌발 퀘스트들이 쌓이고 얽히면서 게임 월드에 생동감과 역동성이 배가되는 것입니다.

Elder Scrolls IV: Oblivion의 Radiant AI 시스템을 적용한 NPC

언리얼 엔진(Unreal Engine)의 실사 가상 캐릭터인 메타휴먼(MetaHuman)에 ChatGPT를 연결하는 형태로 생성 대화형 인공지능 서비스를 제공하는 사례도 나타나고 있습니다. ConvAI는 게임이나 가상현실에서 NPC에게 마치 사람과 같은 대화 능력을 부여해 줄 수 있는 서비스를 제공하고 있습니다.

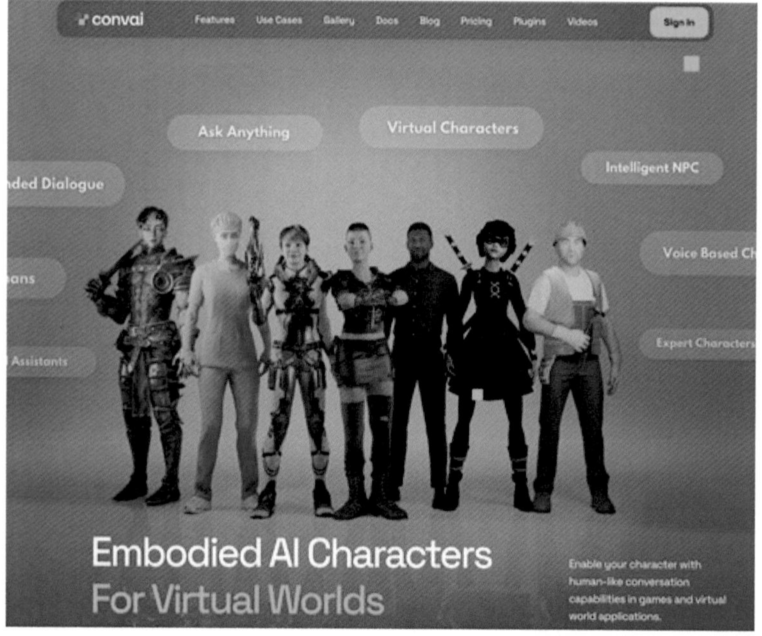


**ConvAI**
https://www.convai.com/

물론 완전히 AI에게 맡기는 건 무리가 있을 것입니다. 스토리의 큰 줄기를 만들고 감성을 불어넣는 건 인간 디자이너의 고유한 역할이라 생각하거든요. 다만 거대해지는 게임 규모에 맞춰 방대한 양의 사이드 퀘스트를 뽑아내고, 때로는 예상 밖의 모험으로 이끄는 조력자로서 AI의 잠재력은 주목해 볼 만하다고 봐요. 메인 스토리와 유기적으로 연계되는 만족도 높은 서브 퀘스트들, 숨겨진 보물 같은 히든 퀘스트들이 게임을 더욱 풍성하게 만들어줄 테니까요. 고정된 틀을 벗어나 그때그때 달라지는 미션들 속에서 게이머의 몰입도는 한층 깊어질 것입니다.

장기적으로는 AI와 협업하는 방식의 변화도 지켜볼 일입니다. 퀘스트 기획 과정에서 디자이너와 AI가 아이디어를 주고받으며 시너지를 발휘하는 모습 말입니다. 아무리 뛰어난 AI라도 인간의 창의성과 감수성을 대신하긴 어려울 테니까요. 오히려 AI를 창작의 동반자로 받아들이고, 서로의 강점을 교류하며 협력하는 지점을 모색하는 게 중요해 보입니다. 기계의 논리와 인간의 감성이 조화를 이룰 때, 게임은 예술로 한 단계 도약할 수 있을 것입니다.

어쩌면 우리는 먼 미래에 AI와 함께 게임을 개발하는 시대를 맞이할지도 모릅니다. 인간 개발자가 게임의 큰 구조와 메시지를 짜고, 세부 요소들의 생성은 AI에게 맡기는 식으로 말입니다. 실제로 최근에는 'AI 던전 마스터'처럼 AI가 게임을 주도하는 사례들도 실험되고 있습니다. RPG 세션에서 AI가 이야기와 규칙을 총괄하는 것입니다. 이렇게 되면 게임은 개발자와 AI, 그리고 플레이어 간의 창조적 교감이 빚어내는 하나의 예술 장르로 거듭날 수 있습니다. 완성된 작품을 플레이하는 것이 아니라, 만들어가는 과정 자체를 즐기는 멋진 경지에 이를 수 있을 것 같습니다.

# 아바타 생성과 가상 공간 디자인

요즘 메타버스 열풍이 불고 있다는 건 모두가 아는 사실입니다. 현실과 같은 사회적 활동이 가능한 3차원 가상 세계, 그 매혹적인 공간에 많은 이들의 관심이 쏠리고 있습니다. 게임은 물론이고 교육, 쇼핑, 문화 활동 등 다양한 영역으로 그 지평을 넓혀가는 중이기도 하고요. 무엇보다 메타버스에서는 각자가 자신만의 아바타를 갖고 새로운 정체성을 실험해 볼 수 있다는 게 가장 큰 매력이 아닐까 싶습니다. 자유롭게 캐릭터를 디자인하고, 실제와는 다른 모습으로 교류하는 경험 자체가 색다른 재미를 선사하니까요.

그런데 막상 메타버스에 입장해 보면, 내 아바타를 생성하는 과정이 좀 번거롭게 느껴질 때가 있습니다. 외모를 구성하는 요소들을 일일이 선택하고 조정해야 하는데, 이게 쉽지 않은 작업이거든요. 얼굴형부터 헤어스타일, 피부색은 물론 옷차림과 액세서리까지. 내 취향을 온전히 반영한 개성 있는 캐릭터를 뚝딱 만들어내기란 결코 만만한 일이 아니에요. 전문 디자이너도 아닌데 말입니다. 바로 이런 어려움을 해소하는 데 AI 기술이 큰 도움을 줄 수 있다고 합니다. 자, 과연 어떤 마법 같은 일들이 벌어질 수 있을까요?

AI 기반의 아바타 생성 기술은 정말 눈부신 속도로 발전하고 있습니다. 우선 사진 한 장만 업로드하면 그와 닮은 3D 아바타를 자동으로 만들어주는 서비스들이 인기를 끌고 있습니다. 앞서 배웠던 'Ready Player Me'가 대표적인 사례인데요. 딥러닝 알고리즘이 사진 속 얼굴의 특징을 분석해 그에 맞는 입체 모델링을 순식간에 생성해 내는 것입니다. 눈코입부터 피부 질감, 얼굴 비율까지 내 모습 그대로 살려내니 너무나 친근하고 신기한 경험이 아닐 수 없죠.

물론 생성된 아바타를 취향에 맞게 변형하는 건 언제든 가능합니다. 화려한 헤어컬러를 입힌다거나, 멋진 선글라스를 씌워본다거나. 이런 디테일한 커스터마이징까지 직관적인 인터페이스로 도와주니 쉽고 재밌는 작업이 된 것입니다. 또 주목할 점은 이렇게 만든 아바타가 범용성을 갖는다는 사실입니다. 어떤 메타버스 플랫폼에서든 애용할 수 있게끔 표준화된 포맷으로 출력되거든요. 덕분에 여러 공간을 넘나들며 일관된 정체성을 유지할 수 있게 되었습니다.

더 나아가 AI는 우리의 성격이나 취향, 가치관에 기반한 아바타 제작도 도와줄 수 있대요. 단순히 겉모습을 베끼는 것 이상으로, 내면의 특성을 시각화하는 데 특화된 서비스들이 등장하고 있거든요. 'Genies'나 'Soul Machines'이 그런 경우인데요. 대화를 통해

**Ginies**
https://genies.com/ko/

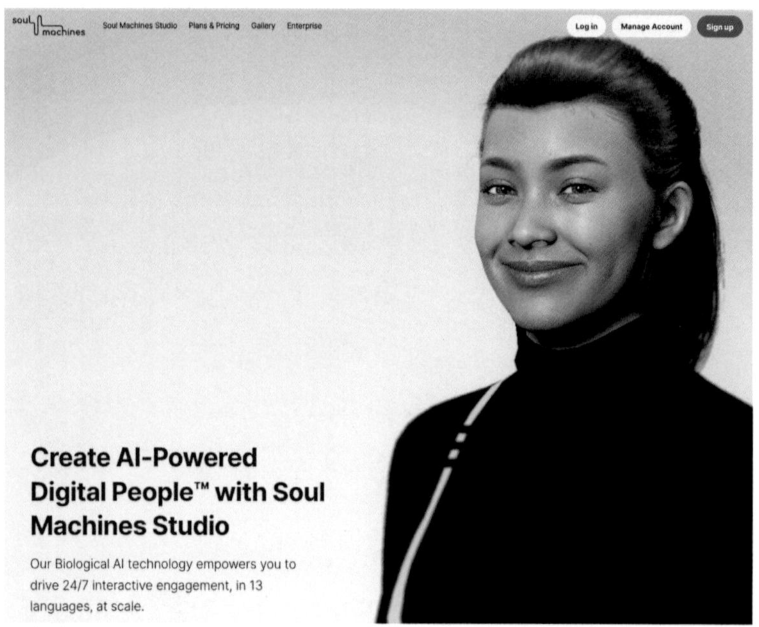


**Soul Machines**
https://www.soulmachines.com/

사용자의 성향과 관심사를 분석하고, 이를 토대로 개성 있는 아바타를 추천해 준다고 합니다. MBTI 검사 결과나 좋아하는 브랜드, 음악 취향 같은 것들을 종합해서요. 결과물은 자신도 몰랐던 내면의 모습을 발견하는 신선한 재미를 선사하곤 합니다.

그뿐만 아니라 움직임이나 표정, 목소리까지 실제 내 모습을 닮은 아바타를 실시간으로 생성하는 기술도 개발되고 있습니다. 애플의 '애니모지(Animoji)', 삼성의 'AR 이모지' 등이 대표적인 사례죠. 스마트폰에 내장된 센서가 사용자의 얼굴 움직임을 트래킹해, 캐릭터의 표정이 실제처럼 움직이도록 하는 원리입니다. 무언가를 말할 때, 눈을 깜빡일 때, 고개를 갸우뚱거릴 때 아바타도 똑같이 반응하니 실재감이 상당합니다. 앞으로는 VR 디바이스와 결합해 손동작이나 몸짓까지 세세히 반영할 수 있을 것 같습니다. 온라인에서 펼치는 댄스 배틀은 어떨까요?

이처럼 AI는 우리 각자의 개성과 정체성을 충실히 반영한 아바타를 손쉽게 창조하는 도구가 되어주고 있습니다. 내가 상상하는 나를 자유자재로 구현하고, 보다 입체적으로 표현할 수 있게 해준다는 점에서 큰 매력이 있습니다. 고정된 틀에 얽매이지 않고 새로운 자아를 탐험할 수 있는 디지털 세계, 그 안에서 우리는 한층 더 확장된 정체성을 경험하게 될 것입니다. 나아가 커뮤니티 안에서 내 아바타를 매개로 자유로운 사회적 교류를 즐기며 새로운 관계의 지평을 열어갈 수 있을 것 같습니다.

한편 AI 기술은 가상 공간 자체를 디자인하는 데도 큰 역할을 하고 있습니다. 사용자들이 모여 상호작용할 수 있는 공유 환경을 만드는 것 역시 메타버스 구축에 있어 중요한 과제거든요. 수많은 3D 모델과 에셋이 필요한 만큼, 전문 그래픽 아티스트를 대거 고용해야 하는 건 만만치 않은 일입니다. 게다가 이용자 규모에 맞춰 끊임없이 확장해 나가야 하니 제작 비용이 어마어마할 수밖에 없죠. 바로 이런 고민을 해결하기 위해 개발사들은 AI 툴에 큰 기대를 걸고 있다고 합니다.

실제로 AI 기반의 프로시저럴 생성 기법은 방대한 가상 환경을 효율적으로 만드는 데 큰 도움이 되고 있습니다. 앞서 소개한 에픽게임즈의 '리얼리티 캡처'처럼 실사 이미지를 3D 에셋으로 자동 변환하는 기술은 물론이고, GAN을 활용해 텍스처와 지형을 대량 생성하는 연구도 활발히 이뤄지고 있습니다. 디자이너가 원하는 분위기나 스타일을 입력하면 AI가 그에 맞는 수십, 수백 개의 에셋을 뽑아주는 식입니다. 마치 게임 개발에서 봤던 그림입니다. 메타버스 월드를 구성하는 건물이나 거리, 자연물 등을 순식간에 만들어내 작업 효율을 크게 높일 수 있답니다.

나아가 AI는 공간 배치와 동선 설계 과정에서도 창의적인 조언을 건넬 수 있대요. 방대한 설계 데이터를 학습한 모델이 최적의 구조를 제안하는 것입니다. 사람들의 이동 패턴을 분석해 병목 현상을 예방하고, 시각적 아름다움과 기능성을 동시에 높일 수 있는 레이아웃을 짜내기도 합니다. 도시 경관을 설계하는 데도 AI의 조력은 큰 역할을 할 전망입니다. 지형과 기후, 인구 분포 같은 조건을 입력하면 그에 맞는 최적의 도시 구조를 도출해 주는 식으로 말입니다. 창의적이면서도 효율적으로 가상 세계를 구축하는 데 AI가 힘을 보탤 것으로 기대되고 있습니다.

사실 이는 우리 실생활에도 적용할 수 있는 기술입니다. 건축이나 인테리어 분야에서 AI 디자인 툴이 각광받는 이유가 바로 그것입니다. 고객의 니즈와 감성을 입력하면 맞춤형 설계안을 뽑아주니 누구나 전문가처럼 공간을 꾸밀 수 있게 된 것입니다. 앞으로는 현실과 가상을 넘나드는 AI의 창의적 설계가 우리 일상에 깊숙이 스며들지 않을까 싶습니다. 집에서 꿈꿨던 인테리어를 가상의 내 방에 그대로 적용해 본다거나, 도시에서 발견한 이상적 경관을 메타버스 속 내 정원에 재현하는 식으로 말입니다.

물론 이런 변화가 가져올 사회적 영향에 대해서도 면밀하게 따져봐야겠습니다. AI가 만들어낸 획일적인 공간들이 난무하지는 않을지, 인간 디자이너의 입지는 어떻게 달라질지 꼼꼼히 살펴야 할 것 같습니다. 기술에 함몰되기보다는 그것을 비판적으로 사용하는 지혜, 윤리적으로 도입하는 원칙이 우리에겐 필요할 것입니다. 무엇보다 AI를 인간 고유의 창의력을 발현하는 도구로 활용하되 그 자체를 숭배하진 않았으면 좋겠습니다. 결국 공간에 생기를 불어넣고 의미를 만들어가는 건 우리 자신이라는 사실을 잊지 말아야 할 것입니다.

자, 이제 여러분은 어떤 아바타로 무엇을 하고 싶으신가요? 멋지게 커스터마이징한 내 분신을 데리고 꿈에 그리던 공간을 디자인해 볼 건가요? 아니면 AI와 함께 이상적 도시를 설계하는 프로젝트에 뛰어들까요? 메타버스라는 경이로운 세상에선 무궁무진한 가능성이 우리를 기다리고 있습니다. AI와 협업하며 창의력의 크기를 한껏 키워보는 건 어떨까요? 현실에선 상상하기 어려웠던 나를 마음껏 표현하고, 꿈꿔왔던 이상향을 자유롭게 구현하는 즐거움! 앞으로 펼쳐질 우리 각자의 메타버스 라이프를 그려보니 벌써 마음이 설렙니다.

다만 그 모든 여정에 있어 기술을 대하는 우리의 태도를 잊지 말았으면 합니다. 편리함에 도취되기보다 변화의 본질을 꼼꼼히 따지는 지혜, 장밋빛 전망에 속아 인간성의 가치를 놓치지 않는 성찰. 메타버스라는 광활한 우주를 항해하는 이 시대의 개척자들에겐 그런 나침반이 꼭 필요할 것입니다. 기술을 유익하게 사용하면서도 우리 자신을 잃지 않는 균형 감각. AI 시대를 살아갈 우리 모두에게 절실히 요구되는 자질이 아닐까 싶습니다.

# 5장

# 교육과 학습에 활용하기

해당 이미지는 Midjourney --v 6.0으로 제작하였습니다.

## 맞춤형 학습 자료와 문제 생성

우리 삶에 가장 근본적인 영향을 미치는 분야, 바로 교육 현장에서 인공지능을 만나보겠습니다. 특히 개인화된 학습, 즉 맞춤형 교육을 가능케 하는 AI 기술의 놀라운 잠재력에 주목해 볼 건데요. 학습자 개개인의 수준과 관심사를 꼼꼼히 분석하여 최적화된 커리큘럼을 제공하는 상상, 너무나 멋지지 않나요? 이제 막 시작 단계에 있지만 머지않아 우리 교육의 풍경을 근본적으로 바꿔놓을 혁명적 흐름이 분명해 보입니다.

수업의 핵심은 아무래도 학습 자료일 텐데요. 교과서는 물론 각종 참고 도서, 영상 자료, 활동지 등 학생들의 배움을 이끄는 매개체라 할 수 있습니다. 그런데 지금까지의 학습 자료들은 대부분이 '평균적인' 학생들을 기준으로 제작되어 왔습니다. 학년별 공통 교육과정을 토대로 학습 목표와 난이도를 설정하고, 거기에 맞춰 콘텐츠를 구성하는 방식이었죠. 문제는 이런 일괄적인 자료로는 개인차를 충분히 고려하기 어렵다는 것입니다. 학습 속도가 빠른 학생은 지루해하고, 느린 학생은 따라가기 벅차하는 게 우리 교실의 현실이잖아요. 창의력과 독창성은 물론 존중받기 어려운 구조이기도 하고요. 바로 이 지점에서 AI가 빛을 발하기 시작했습니다.

세계 최대의 교육기업 '피어슨(Pearson)'이 개발 중인 AI 학습 자료 제작 시스템이 그 좋은 사례가 될 것입니다. 방대한 교육 데이터를 학습한 AI 알고리즘이 학생 개개인의 학습 능력, 관심사, 목표에 맞춰 맞춤형 교재를 자동으로 생성해 준다는 콘셉트인데요. 가령 한 학생이 과학에 흥미가 많고 독해력은 우수하지만 수학은 좀 어려워한다면, 과학 개념을 깊이 있게 다루되 수학적 공식은 쉽게 풀어쓴 교재를 제안하는 식입니다. 개인의 강점은 살리고 취약점은 집중 보완하는 방향으로 학습 자료를 구성해 주는 것입니다. 그뿐만 아니라 학생들이 선호하는 만화 캐릭터나 특정 주제를 접목해 흥미를 유발하기도 한답니다. 이렇게 세심하게 커스터마이징된 교재라면 누구라도 공부가 재밌어질 것 같지 않나요?

또 하나 주목할 만한 플랫폼으로는 'Knewton'이 있습니다. 사용자의 학습 데이터를 분석해 그에 맞는 개인화된 학습 경로를 제공하는 서비스인데요. 여기서 핵심은 학습 자료의 '적응형 추천'에 있습니다. 진도를 나가며 문제를 풀다 보면 개인의 이해도에 대한 데이터가 축적됩니다. 시행착오를 겪는 부분, 금세 깨우치는 부분 말입니다. 이런 데이터를 AI가 실시간으로 분석해서 그때그때 최적의 자료를 골라주는 것입니다. 쉬운 문제를 척척 맞히면 응용력을 키워줄 심화 자료를, 어려워하는 부분이 있으면 개념을 다지는 기초 자료를 추천하는 식으로요. 덕분에 학생들은 자기 실력에 맞는 단계의 공부를 할 수 있게 되는 것입니다. 과목

별로, 심지어 세부 개념별로 세밀하게 자료를 매칭해 준다니 정말 놀라운 기술입니다.

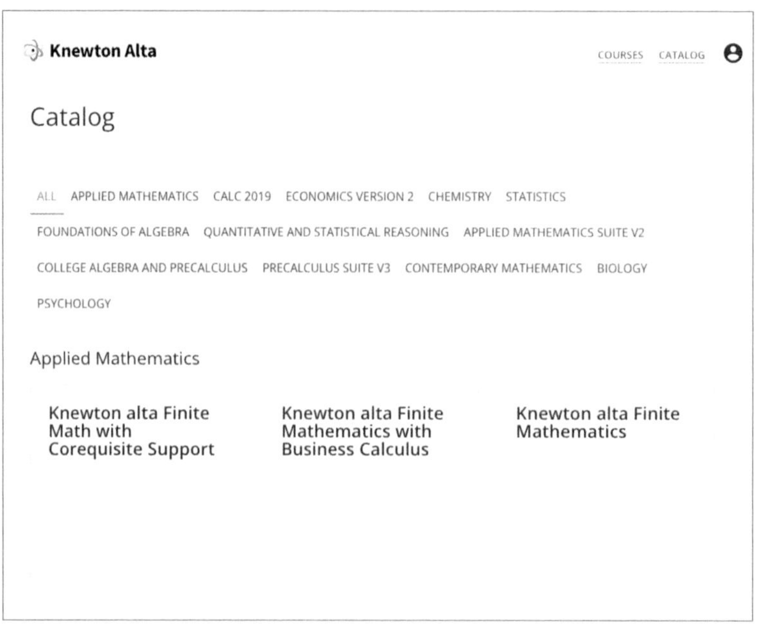


**Knewton**
https://www.knewton.com/teach

이런 맞춤형 학습 자료의 효과는 실로 엄청날 것으로 기대됩니다. 무엇보다 개인의 능력치에 딱 맞는 콘텐츠를 통해 학습 효율이 크게 높아질 수 있습니다. 자기 수준에 맞지 않는, 너무 어렵거나 쉬운 자료에 시간을 허비할 이유가 사라지는 것입니다. 나아가 자신의 관심사와 재능을 마음껏 펼칠 수 있는 기회도 얻게 될 것입니다. 로봇 만들기에 푹 빠진 학생에겐 그와 관련된 심화 자료들이 차곡차곡 제공될 테니까요. 또 스스로 학습을 설계하고 주도하는 자기 주도 학습 역량도 기를 수 있을 것입니다. 자신만의 콘텐츠로 공부하다 보면 무엇을, 어떻게 배울지 주체적으로 선택하는 힘이 생기지 않을까요? 이렇듯 맞춤형 교육을 통해 우리는 개개인의 잠재력을 최대한 끌어올리는 동시에, 창의성과 다양성이 꽃피는 교육 환경을 만들어갈 수 있으리라 믿어 의심치 않습니다.

그렇다면 이제 학습 자료와 함께 또 하나의 축을 이루는 '문제'는 어떻게 달라질까요? 앞서 Knewton 플랫폼에서 봤듯 학습 과정에서 마주하는 문제의 난이도를 조절하는 건 맞춤형 교육의 핵심 요소입니다. 하지만 교사 입장에선 그게 말처럼 쉽지만은 않은 게 사실입니다. 학생 개개인의 이해도에 맞는 질 좋은 문제를 매번 출제한다는 건 결코 만만한 일이 아니거든요. 시간도, 노력도 어마어마하게 들어가는 작업입니다. 바로 이런 교사들의 고민을 덜어줄 멋진 조력자로 AI가 나섰습니다.

'Quillionz'나 'WatsonQA' 같은 AI 기반 문제 생성 툴들이 각광받고 있습니다. 교사가 특정 주제와 난이도를 입력하면 방대한 문제은행에서 최적의 문항을 찾아주거나, 아예 새로운 문제를 자동으로 만들어준다고 합니다. 내용의 핵심을 정확히 파악해 기본 개념부터 응용, 분석, 평가 단계에 이르는 다양한 난도의 질문들을 뽑아내는 것입니다. 문제 형식도 사지선다, 진위형, 주관식 등 다채롭게 구성할 수 있습니다. 특히 자연어 처리 기술의 발달로 서술형이나 논술형 문항 출제에서도 AI의 활약이 두드러지고 있다고 합니다. 교과서나 참고 자료의 내용을 깊이 있게 이해하고,

그에 기반해 창의적이고 분석적인 질문을 생성해 내는 수준까지 이르렀다고 합니다.

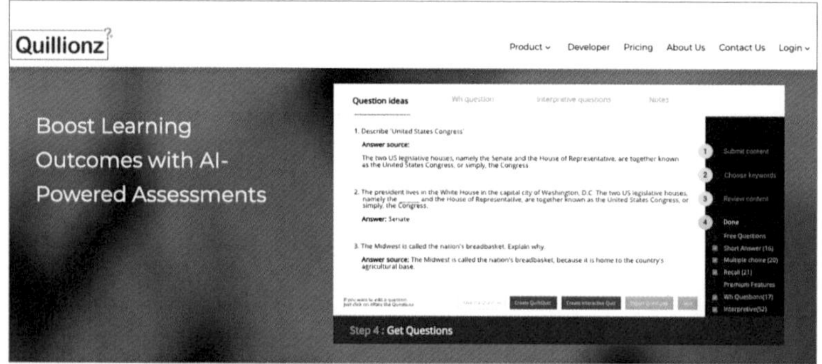


**Quillionz**
https://www.quillionz.com/

**WatsonQA**
https://github.com/pIgorN/WatsonQA

이렇게 AI와 협업하는 선생님들은 문제 출제를 위해 들였던 시간과 에너지를 아이들과 더 깊이 소통하는 데 쏟을 수 있게 될 것입니다. 학생들의 이해도를 면밀하게 파악하고, 개개인에게 맞는 지도 방안을 고민하는 일에 집중할 수 있게 되는 것입니다. 반대로 AI가 제시하는 문항의 질을 검토하고 다듬는 과정 자체가 교사의 전문성 개발에도 도움이 될 수 있을 것 같습니다. 기계의 정교함과 인간의 공감, 그 조화로운 만남이 이뤄낼 교육의 진화가 정말 기대됩니다.

물론 AI가 만드는 학습 자료나 문제가 완벽할 순 없을 것입니다. 아무리 뛰어난 알고리즘이라도 인간만큼 섬세한 맥락 이해와 유연한 사고는 어려울 테니까요. 질문의 창의성이나 응용력 측면에서도 한계가 있을 수밖에요. 감수성과 도덕성 교육처럼 기계가 다루기 힘든 영역도 분명 존재하고요. 그래서 중요한 건 AI를 만능의 도구가 아닌 우리의 역량을 보완해 주는 파트너로 바라보는 것입니다. 그 한계를 인정하고 인간 교사의 역할을 재정의하는 지혜가 필요한 시점이라고 하겠습니다.

더불어 맞춤형 교육을 향한 사회 시스템의 변화도 뒷받침되어야 할 것입니다. 무엇보다 과도한 경쟁이나 줄 세우기로 인한 낙인 효과는 없어져야겠습니다. 다양성을 인정하고 격려하는 포용의 문화, 협력을 통해 배우는 즐거움을 알려주는 유연한 커리큘럼. 그런 토대 위에서라면 AI는 우리 아이들 모두의 고유한 재능을 꽃피우는 훌륭한 도우미가 되어줄 거라 믿습니다. 기술을 윤리적으로 사용하고 교육의 본질을 견지하는 균형 감각만 잃지 않는다면 말입니다.

# 지능형 튜터링 시스템 개발

학습자와 일대일로 상호작용하며 가르침을 전하는 '지능형 튜터링 시스템'에 대해 알아보겠습니다. 수준 높은 개인 교사를 모두에게 배정한다는 건 현실적으로 불가능한 일입니다. 하지만 AI 기술의 힘을 빌린다면 어떨까요? 우리 곁에 언제나 함께하며 친절히 가르쳐 주는 디지털 스승을 상상해 보는 것입니다. 정말 놀랍고도 근사한 미래 교육의 풍경이 아닐 수 없습니다.

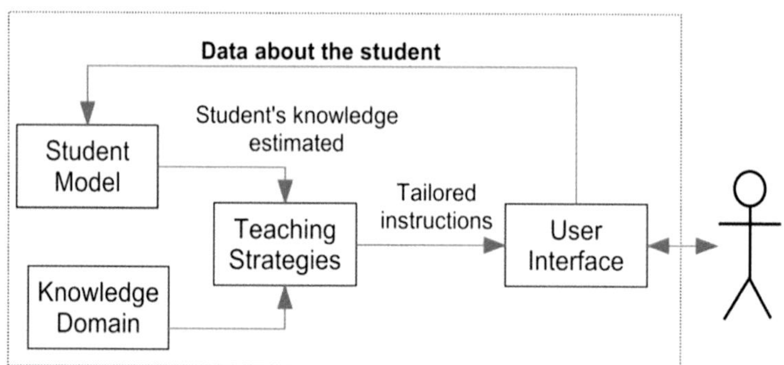


ITS의 기본 구조(ref. Morales-Rodríguez, María Lucila et al. "Architecture for an Intelligent Tutoring System that Considers Learning Styles." Res. Comput. Sci. 47 (2012): 37-47.)

지능형 튜터링 시스템(Intelligent Tutoring System, ITS)은 쉽게 말해 '학생 개개인을 위한 AI 개인 교사'라고 할 수 있습니다. 방대한 교육 데이터와 학습 이론, 그리고 학생과의 상호작용을 통해 얻은 정보를 종합 분석하여 가장 효과적인 교수 전략을 수립하고 실행하는 지능형 시스템인 것입니다. 마치 경험 많은 교사가 제자의 눈높이에 맞춰 가르치듯이 말입니다. 컴퓨터의 정확성과 인간 교사의 노하우가 결합된 이상적인 학습 도우미라 할 수 있습니다.

ITS의 핵심 구성요소로는 크게 '전문지식 모델', '학습자 모델', '교수 모델' 이렇게 세 가지를 꼽을 수 있습니다. 먼저 전문지식 모델이란 해당 교과목의 지식체계를 구조화한 데이터베이스입니다. 마치 그 분야 석학 교수님의 노트를 디지털화한 것처럼, 개념 간의 관계와 세부 지식들을 망라하고 있는 것입니다. 학습 내용의 난이도와 순서, 사고의 흐름까지 꼼꼼히 짚어주는 나침반 같은 역할을 한답니다. 여기에 다양한 예시와 문제, 자료들까지 풍성하게 수록되어 있어 튜터링의 든든한 토대가 되어 준다고 합니다.

그 위에서 구동되는 게 바로 학습자 모델입니다. 개별 학생의 현재 지식 상태, 학습 습관, 선호도 등을 종합적으로 파악하고 관리하는 역할을 맡고 있습니다. 학생이 문제를 풀거나 질문에 답하는 과정에서 보이는 반응을 실시간으로 분석해서 말입니다. 어떤 부분을 쉽게 이해하고, 어떤 내용에서 막히는지, 얼마나 오랜 시간 고민하는지 등을 빅데이터로 축적해 가는 것입니다. 심지어 표정이나 목소리 톤까지 인식해서 감정 상태를 읽어내기도 한다니 말 그대로 사람의 마음을 꿰뚫어 보는 AI 같습니다. 이렇게 쌓인 학습자 프로필을 바탕으로 ITS는 가장 효과적인 지도 방안을 처방하게 되는 것입니다.

마지막으로 교수 모델은 전문지식 모델과 학습자 모델을 종합해 최적의 교육 전략을 수립하고 실행하는 컨트롤 타워입니다. 학습 내용을 어떤 순서와 방식으로 전달할지, 어느 시점에 무슨 피드백을 제공할지 등을 결정하는 것입니다. 학생이 문제를 틀렸을 때는 적절한 힌트를 주고, 어려워할 때는 좀 더 쉬운 문제로 돌아가 개념을 다지게 하는 식으로요. 반대로 능숙하게 해내는 부분은 칭찬하며 더 깊이 있는 내용으로 안내하기도 합니다. 진도나 이해도에 따라 동적으로 학습 경로를 최적화하는 스마트한 내비게이션인 셈입니다. 여기에 학생들이 선호하는 UI와 커뮤니케이션 스타일까지 적용해 몰입감과 동기부여까지 극대화한다고 합니다.

이렇듯 ITS는 전문 지식, 학습자 이해, 교육 전략의 삼위일체로 이뤄진 지능형 개인 교사인 셈인데요. 실제 활용 사례를 살펴보니 그 성과가 매우 고무적이더라고요. 'Cognitive Tutor'라는 ITS를 도입한 미국 공립학교에서는 수학 성적이 눈에 띄게 향상됐다고 합니다. 개념 이해부터 문제 풀이, 오답 분석까지 AI와 함께 알찬 튜터링을 받은 덕분입니다. 군 교육에서도 활발히 쓰이고 있습니다. 'SHERLOCK'이라는 비행기 정비 ITS를 도입한 미 공군은 교육 기간을 30% 이상 단축하면서도 정비사들의 숙련도는 크게 높일 수 있었다고 합니다. 시뮬레이션을 통한 반복 실습, 실수에 대한 맞춤형 교정 등이 컸던 것입니다.

의료계에서도 ITS 도입이 활발한데요. 'COMET'이라는 응급의학 튜터링 시스템은 의대생들의 임상 추론 능력 향상에 큰 도움을 주고 있다고 합니다. 실제 환자 사례를 풀어보며 감별진단을 훈련하는 과정을 AI가 꼼꼼히 코칭해 주는 것입니다. 수술 기술 훈련용 ITS도 개발되고 있어 전공의 교육에 획기적 진전을 가져올 것으로 기대됩니다. 무엇보다 완전히 같은 수술을 무한 반복할 순 없는 현실에서 가상 튜터의 실감 나는 지도는 의사들에겐 그야말로 든든한 훈련 도우미가 아닐 수 없습니다.

이처럼 ITS 기술은 교육의 질과 효율성을 동시에 높일 수 있는 혁신적 대안으로 주목받고 있는데요. 1:1 지도를 통한 개인 맞춤형 학습 경험은 학습 성과를 극대화하는 열쇠가 될 것입니다. 또 교사들이 지식 전달보다는 인성과 창의성 교육에 전념할 수 있는 여건도 마련해 줄 거고요. 무엇보다 누구에게나, 어디에서나, 언제든 양질의 개별 교육을 제공할 수 있게 된다는 건 정말 큰 의미가 있습니다. 사교육 격차나 교육 소외 계층의 문제 해결에 있어서도 ITS가 중요한 돌파구가 될 수 있지 않을까 싶습니다.

물론 ITS가 교사를 완벽히 대체할 수는 없습니다. 아무리 똑똑한 AI라도 넓고 깊은 맥락 이해나 감성적 공감, 창의적 사고의 영역에선 한계가 있을 수밖에 없습니다. 예를 들면 문학이나 예술, 철학같이 해석의 다양성이 핵심인 분야는 ITS가 다루긴 쉽지 않을 것입니다. 딥러닝의 기술적 한계, 윤리적 쟁점 등을 고려하면 섣불리 도입하긴 어려운 것도 사실입니다. 그래서 ITS를 교사를 보조하고 학생을 지원하는 도구로 삼는 지혜가 필요합니다. 학생 개개인의 상황을 세심히 고려해 ITS 활용 계획을 세우고, 운영 과정을 모니터링하는 총괄자로서 교사의 역할이 오히려 커질 수 있다고 봅니다.

ITS 도입의 성패는 결국 얼마나 교육적으로 설계하고 활용하느냐에 달려 있다고 봅니다. 단순히 지식 전달의 자동화 도구가 아니라, 인간 교사와 협력하여 창의와 인성을 기르는 조력자로 삼는 접근이 필요한 것이죠. 학생들의 흥미와 재능을 찾아주고 마음을 어루만지는 건 언제나 사람의 몫입니다. 그런 감수성과 철학을 잃지 않는 가운데 테크의 혜택을 적재적소에 활용한다면, ITS는 더할 나위 없이 고마운 교육 동반자가 될 것이라 믿습니다.

# 논문 작성과 연구 활동 지원

시선을 조금 돌려, AI가 고등교육과 학술 연구 분야에서 어떤 역할을 할 수 있을지 함께 상상해 보겠습니다. 특히 논문 작성이나 연구 활동 과정에서 인공지능 기술이 어떤 도움을 줄 수 있을지, 그로 인해 학계의 지형도는 어떻게 바뀔지 가늠해 보는 시간을 갖고자 합니다.

요즘 같은 빅데이터 시대에 학술 연구의 성패는 방대한 문헌과 데이터를 얼마나 잘 검토하고 분석하느냐에 달려 있다 해도 과언이 아닐 텐데요. 이른바 '스탠딩 온 더 숄더스 오브 자이언츠(Standing on the shoulders of giants)', 즉 거인의 어깨 위에 올라 더 넓은 지평을 바라보는 것이 연구자의 길이라는 말씀, 다들 공감하시리라 믿습니다. 하지만 그 '거인'들의 업적이 워낙 광대하고 복잡다단해지면서, 이제는 그 어깨에 오르는 일조차 결코 녹록지 못한 상황이 되어 버렸습니다. 학술 논문의 수가 폭발적으로 늘어나는 와중에 관련 문헌을 일일이 검토하고 소화한다는 건 사실상 불가능에 가까울 정도죠. 바로 이런 연구자들의 고민을 해결하기 위해 개발되고 있는 게 논문 탐색 및 요약을 도와주는 AI 툴들입니다.

이 분야에서 선도적 역할을 하는 건 바로 구글 산하 AI 연구소 딥마인드(DeepMind)에서 개발 중인 서비스가 있습니다. 자연어 처리와 기계독해 기술을 총동원해 방대한 양의 논문 데이터베이스를 학습한 뒤, 연구자가 찾고자 하는 주제에 대한 글들을 순식간에 골라내 주는 똑똑한 논문 검색 엔진입니다. 단순히 키워드 매칭에 그치는 게 아니라 맥락과 의미를 종합적으로 파악해 관련성 높은 문헌을 찾아준다는 게 놀라운 점입니다. 또 각 논문의 핵심 내용과 독창성, 연구 방법론 등을 콕콕 집어 요약해 줌으로써 연구자가 꼭 읽어봐야 할 부분을 쏙쏙 짚어준다고 합니다.

비슷한 서비스로 마이크로소프트의 '마이크로소프트 아카데믹(Microsoft Academic)' 서비스가 있습니다. 이들 역시 자연어 이해 능력을 바탕으로 논문 간 인용 관계를 분석하고 주제별로 클러스터링해서 보여주는 게 특징입니다. 연구자가 특정 논문을 검색하면 그와 밀접하게 연관된 논문들이 자동으로 나열되는 식인 것입니다. 마치 숨은 논문들 사이의 관계를 들춰내는 것 같다고 해서 '지식 그래프' 혹은 '논문지도'라고도 불린답니다. 내가 탐구하려는 주제가 학계에서 어떤 맥락에서 다뤄져 왔는지, 그 연구사적 흐름을 읽어내는 데 정말 요긴할 것 같습니다.

**Microsoft Academic**
https://www.microsoft.com/en-us/research/project/academic/

더 나아가 관심 있는 키워드만 입력하면 관련 논문들을 취합해 하나의 개괄 리뷰(Survey)로 정리해 주는 서비스는 생성 인공지능이 잘할 수 있는 분야입니다. 수많은 연구 결과들 속에서 공통의 핵심 주장을 콕 집어내고, 분야 간 이견이 있는 부분도 체계적으로 나열해 줄 수 있습니다. 방대한 선행연구들을 조망할 수 있는 나침반 같은 역할을 하는 셈입니다. 연구 계획 수립 단계에서 논문 리뷰에 허비되던 시간과 노력을 크게 줄일 수 있을 것 같습니다. 나아가 연구자 간 정보 격차를 해소하고 후발 주자들의 진입 장벽을 낮추는 효과도 기대됩니다.

물론 AI가 찾아준 논문을 실제로 읽고 해석하는 건 여전히 연구자의 몫이겠습니다. 하지만 그 연구자의 '독해'마저 인공지능이 보조해 줄 수 있게 된 건 정말 획기적인 변화입니다. 가령 논문 원문에 등장하는 복잡한 용어나 수식을 알기 쉽게 풀어서 설명해 주는 'Semantic Scholar'나, 연구 방법론 단계마다 실행 팁을 제공하는 서비스도 있습니다. 고난도 전문 지식조차 누구나 직관적으로 이해할 수 있게 가이드해 주니, 연구 활동의 문턱이 한결 낮아질 것 같습니다. 학문 후속세대 육성과 학제 간 융합 촉진에도 큰 도움이 될 것 같고요.

AI의 도움은 정보 수집과 이해에 그치지 않습니다. 이제는 아예 논문 집필을 보조해 주는 수준에 이르렀거든요. 실험 데이터를 자동 분석해 유의미한 결과를 뽑아내 주는가 하면, 그에 걸맞은 해석과 고찰을 제안하기도 합니다. 표나 그래프의 시각화는 물론 참고문헌 정리까지, 논문 작성의 A부터 Z까지 AI의 손길이

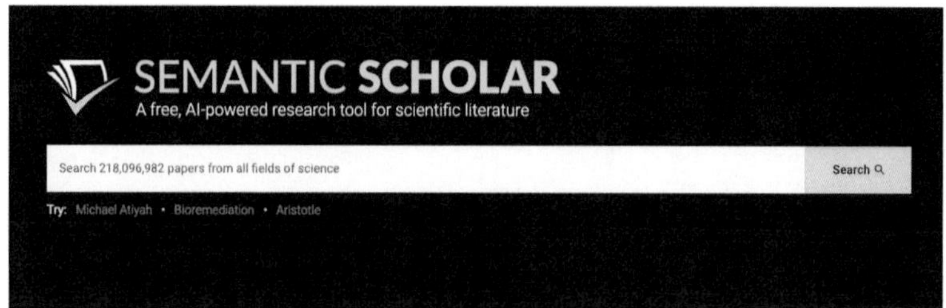


**Semantic Scholar**
https://www.semanticscholar.org/

미치지 않는 곳이 없다고 볼 수 있습니다. 'SciNote'나 'Olvy'처럼 연구 과정 전반을 체계적으로 관리해 주는 플랫폼도 속속 등장하고 있습니다. 연구 설계부터 노트 정리, 공동 집필까지 한데 아우르는 스마트한 연구 비서라 할 만합니다.

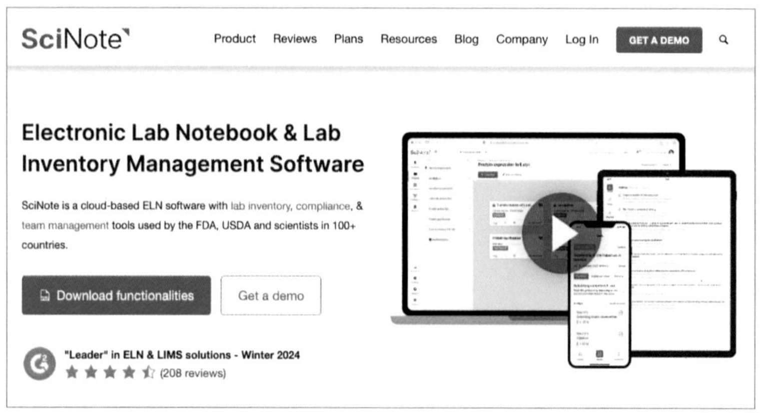


**SciNote**
https://www.scinote.net/

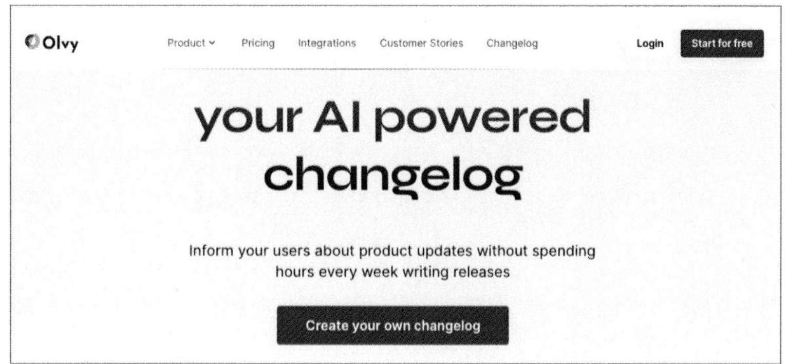


**Olvy**
https://olvy.co/changelogs

대표적인 활용 사례로 의학 분야를 들 수 있습니다. 방대한 양의 의료 데이터와 사례 보고서를 AI로 분석해 새로운 치료법이나 신약 후보를 발굴하는 일이 한창이거든요. 'IBM Watson Health'처럼 임상의들의 의사결정을 보조하는 플랫폼도 속속 개발되고 있습니다. 딥러닝 기술로 유전체 빅데이터를 분석해 질병의 메커니즘을 규명하고 맞춤 치료를 제안하는 연구도 활발합니다. 전통적 연구 방식으로는 수십 년이 걸릴 문제들을 AI와 협업해 단기간에 풀어내는 사례가 늘고 있다고 합니다. 의학계의 판도를 바꿀 혁신이 눈앞에 성큼 다가온 느낌입니다.

**IBM Watson Health**
https://www.ibm.com/industries/healthcare

그 밖에도 기초과학 분야에서 AI 기반 데이터 분석이 빛을 발하고 있습니다. 입자물리학에서는 CERN의 대형 강입자 가속기 데이터를 AI로 분석해 새로운 입자를 발견하고, 천문학에서는 망원경 관측 데이터에서 중력파나 외계행성의 흔적을 포착해 내고 있습니다. AlphaFold로 단백질 구조를 규명한 DeepMind의 성과는 이미 유명한 사례고요. 나노소재나 신물질 개발에서도 AI가 연구자들의 직관을 무기로 활약하고 있다고 합니다. 이론과 실험, 전산모사를 넘나드는 통합 연구 플랫폼으로 자리매김하며 과학 발전에 날개를 달아주는 중이라고 합니다.

물론 이런 변화가 학계에 가져올 파장에 대해서도 신중히 따져봐야겠습니다. AI를 맹신하다 보면 연구자 고유의 통찰과 창의성이 퇴색할 우려도 있습니다. 윤리적 딜레마나 법적 책임 문제 같은 민감한 쟁점도 꼼꼼히 짚어봐야 할 부분이고요. AI를 연구 윤리에 반하는 일에 악용하지 않도록 가이드라인을 세우는 일도 필요할 것입니다. 무엇보다 기술에 휘둘리지 않는 균형 잡힌 시각, 인간 고유의 가치를 지키려는 연구자들의 절제와 지혜가 그 어느 때보다 절실해 보입니다.

그럼에도 AI와 학문의 만남이 열어줄 가능성에는 큰 기대를 걸어봅니다. 연구자를 창의적 사고에 집중하게 해 주고, 소수 전문가의 전유물이던 학문을 모두에게 열린 장으로 만들어줄 테니까요. 진실에 다가가는 여정에 누구나 함께할 수 있게 된다면, 우리 인류 지성사에 커다란 전환점이 될 수 있을 것입니다. 어쩌면 AI와 인간이 함께 쓰는 논문이 노벨상을 받는 날도 멀지 않을지 모르겠습니다.

# 3부

# 생성형 AI 시대를 준비하며

해당 이미지는 Midjourney –v 6.0으로 제작하였습니다.

# 1장

# 윤리와 책임감 있는 활용

해당 이미지는 Midjourney --v 6.0으로 제작하였습니다.

# 생성형 AI의 편향성과 공정성 문제

지난 장까지 우리는 생성형 AI 기술이 가져다줄 창조와 혁신의 놀라운 잠재력에 대해 살펴보았습니다. 예술과 교육, 비즈니스에 이르기까지 이 기술은 우리 삶의 거의 모든 영역에 파급력을 미칠 것으로 전망되는데요. 하지만 코인에는 항상 양면이 있듯, 우리는 이 강력한 기술이 불러올 부작용과 위험에 대해서도 냉정히 직시할 필요가 있습니다. 그중에서도 생성형 AI의 편향성과 공정성 문제에 대해 집중적으로 짚어보는 시간을 갖고자 합니다. 기술 혁신의 열광 속에서 우리가 놓치지 말아야 할 가치, 함께 되새겨 보시지요.

'편향성(Bias)'이란 데이터나 알고리즘이 특정 속성이나 집단에 대해 차별적인 결과를 산출하는 경향성을 말합니다. 데이터셋의 대표성 부족, 사회적 고정관념의 반영 등 다양한 요인에 의해 편향성이 개입될 수 있는데요. 안타깝게도 최신 생성형 AI 모델들에서도 이런 편향의 문제가 끊임없이 제기되고 있습니다. 공정성과 다양성을 훼손하고 차별을 심화시킬 위험이 있다는 것입니다. 과연 그 구체적 사례에는 어떤 것들이 있을까요?

DALL-E와 Stable Diffusion으로 대표되는 텍스트 기반 이미지 생성 모델이 대표적입니다. "A photo of a CEO"라는 프롬프트를 주면 압도적으로 백인 남성의 이미지가 생성되거나, "A flight attendant"를 요청하면 거의 예외 없이 여성의 모습을 보여준다는 것입니다. 사회적 고정관념과 성 역할에 대한 편견을 그대로 반영하고 있다고 볼 수 있습니다. 그뿐만 아니라 "An image of a thief" 같은 프롬프트에는 유색인종의 이미지가 불균형하게 생성되는 등 인종차별적 요소도 관찰되고 있습니다.

언어 모델에서의 편향성도 심각한 문제로 지적되는데요. 웹 데이터로 학습된 GPT-3 등에서 성차별적, 인종차별적 표현이 빈번히 등장하는 것으로 나타났습니다. "She is a nurse, he is a"라는 문장을 완성하라고 하면 "He is a doctor"라는 대답이 압도적으로 많이 나오는 식입니다. 특정 종교나 소수자 집단에 대한 부정적 고정관념도 어렵지 않게 찾아볼 수 있었다고 합니다. 최근에는 Anthropic의 Claude와 같이 편향성 제거를 위해 특화된 윤리 훈련을 거친 모델들이 등장하고 있긴 하지만, 아직 갈 길이 멀어 보입니다.

음성이나 동작 생성에서의 편향성 역시 간과할 수 없는 부분입니다. 가령 음성 합성 모델에서 표준 언어에 가까운 억양은 잘 구현되는 반면, 소수 언어나 방언은 부자연스럽게 합성되는 경우가 많다는 것입니다. 3D 아바타의 움직임 생성에서도 연령이나 체형에 따른 차별적 표현이 문제시되곤 합니다. 이런 비언어적 요소에서의 편향성은 잘 관찰되지 않을뿐더러 교묘하게 차별 인식

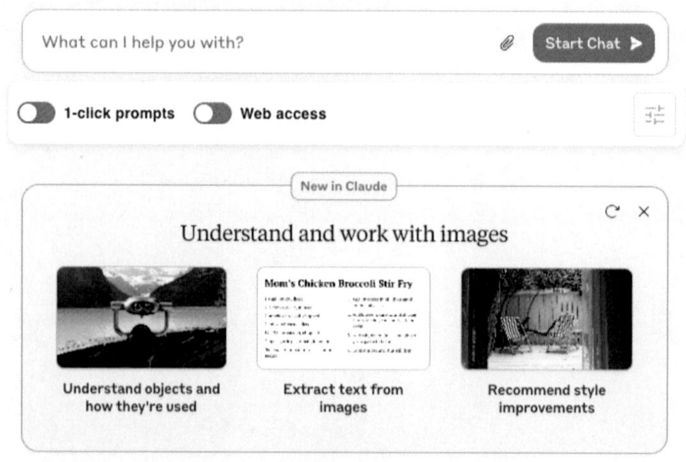


**Claude**
https://claude.ai/

을 심어줄 수 있어 더욱 경계심이 필요해 보입니다.

생성 결과물의 공정성도 중요한 문제인데요. 학습 데이터의 구성이 특정 계층이나 장르에 편중되면서, 다양성이 훼손되는 양상이 나타나고 있습니다. 백인 위주의 얼굴 이미지로 학습된 모델은 유색인종의 사진을 제대로 처리하지 못하는 경우가 많고, 영미권 중심의 데이터로 만들어진 음악 생성 모델에서는 비서구권 음악이 충실히 재현되기 어렵다는 것입니다. 문화적 편중성은 콘텐츠 소비의 다양성을 저해하고 소수자 문화를 주변화할 우려가 있습니다.

AI 모델의 편향성이 사회 전반에 미칠 영향도 심각하게 우려되는 대목입니다. 예를 들어 이력서 평가나 대출 심사에 AI 기술을 활용하는 기업이 늘고 있는데, 여기에 성차별이나 인종차별적 편향이 개입되면 어떻게 될까요? 공정한 기회가 박탈되고 사회 불평등이 심화될 수밖에 없습니다. 편향된 데이터로 만들어진 합성 미디어가 여과 없이 유통된다면 왜곡된 현실 인식을 심어줄 수도 있습니다. 가짜뉴스나 허위 정보 생성에 악용될 소지도 다분하고요. AI에 내재된 편향이 사회 전반에 스며들어 구조적 차별을 강화하지 않도록, 우리 모두가 주의 깊게 살펴야 할 때입니다.

그렇다면 이런 문제를 극복하기 위한 방안에는 무엇이 있을까요? 가장 근본적으로는 편향성 없는 양질의 데이터 확보가 필요해 보입니다. 인종과 성별, 계층의 다양성을 균형 있게 반영한 데이터셋을 구축하고, 편향성 검증을 필수 과정으로 도입하는 것입니다. 나아가 모델 훈련 과정에서 공정성을 내재화할 수 있는 기술적 방안도 활발히 연구되고 있습니다. 최근 마이크로소프트는 공정성을 제약조건으로 두고 최적화하는 'FairLearn' 프레임워크를 공개해 주목받기도 했죠. 편향성 평가를 위한 기준과 도구를 개발하고, 투명성을 높이는 노력도 필요해 보입니다.

물론 기술적 해법만으로는 한계가 있을 것입니다. 결국 편향성 없는 기술 개발을 위해서는 사회 전반의 인식 개선과 제도적 지원이 병행되어야 하니까요. 기업들이 다양성을 존중하고 포용성을 중시하는 개발 문화를 정착시키려는 노력, 정부 차원의 AI 윤

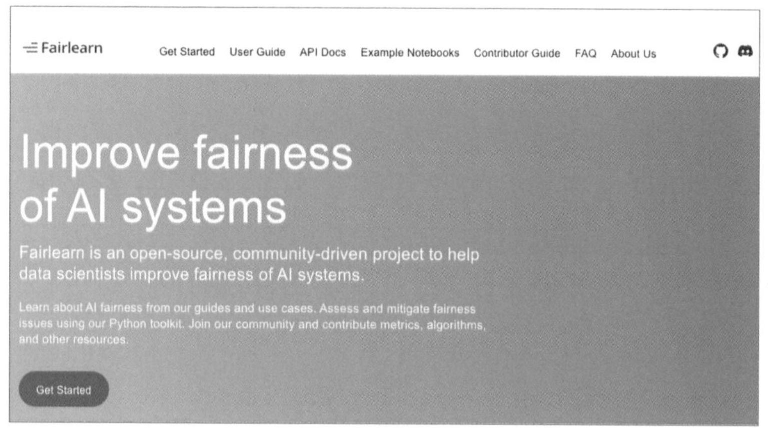


**Fairlearn**

https://fairlearn.org/

리 가이드라인과 규제 장치 신설, 그리고 이용자들의 건전한 활용을 위한 미디어 리터러시 교육. 다방면의 협력적 노력이 요구되는 대목입니다.

무엇보다 AI 기술 개발을 주도하는 연구자와 개발자 한 사람 한 사람의 윤리의식이 가장 중요하다고 봅니다. 편향성 문제를 간과하지 않고 자신들이 만드는 기술의 사회적 영향력을 진지하게 성찰하려는 자세 말입니다. 기술 지상주의에 빠지지 않고 다양성과 공정성의 가치를 끊임없이 되새기는 윤리적 나침반을 가진 개발자들. 바로 그들이 이 시대에 진정 필요한 인재들이 아닐까 싶습니다.

생성형 AI의 편향성 없는 발전을 위해서는 기술 그 자체에만 몰두할 게 아니라 끊임없이 "왜?"라는 질문을 던져야 합니다. 누구를 위한 기술인지, 어떤 영향을 미칠지, 우리가 지향하는 가치는 무엇인지. 근본적인 질문 앞에서 기술을 겸허히 바라보는 시선이 필요한 것입니다. "기술이 할 수 있다고 해서 반드시 해야 하는가?" 때로는 기술의 속도를 늦추고 숨고르기를 해야 할 때도 있습니다. 기술과 인간, 혁신과 윤리 사이의 균형. 바로 그 열쇠가 우리의 미래를 결정짓게 될 것 같습니다.

생성형 AI는 이제 막 시작 단계에 있는 기술입니다. 무궁무진한 잠재력만큼이나 우려되는 위험 요인들도 많은 게 사실입니다. 편향성 문제가 사회 곳곳에 부정적 영향을 끼치지 않도록 기술과 제도, 문화가 함께 진화해 가는 지혜, 우리 모두에게 필요한 시대적 과제라고 생각합니다. 오늘 우리가 나눈 성찰이 기술에 휘둘리지 않고 공정과 다양성의 가치를 지켜내는 힘이 되었으면 좋겠습니다. 이제 시작될 생성형 AI와의 동행, 우리가 함께 써 내려갈 역사의 빈 페이지가 기다리고 있습니다.

# 프라이버시와 보안 위험 및 대응

딥러닝 기술의 발전으로 이미지나 음성, 동영상 같은 멀티미디어 콘텐츠를 매우 정교하게 위조하는 것이 가능해졌습니다. 특히 딥페이크(Deepfake) 기술의 악용 사례가 급증하며 사회적 우려를 낳고 있는데요. 연예인이나 정치인의 얼굴을 합성해 만든 가짜 포르노, 허위 영상으로 여론을 호도하려는 딥페이크 기반 가짜뉴스 등은 그 대표적 예시라 할 수 있습니다. 개인의 초상권과 명예가 심각하게 침해당할 뿐 아니라 사회 전반의 혼란과 불신을 조장할 수 있어 경각심이 필요한 대목입니다.

더욱 우려스러운 점은 딥페이크 제작이 이제 누구나 쉽게 할 수 있는 수준으로 대중화되었다는 사실입니다. 관련 기술의 오픈소스화가 급속히 진행되면서 전문적 지식 없이도 클릭 몇 번으로 실감 나는 딥페이크 영상을 만들 수 있게 된 것입니다. 심지어 스마트폰 앱 기반의 서비스들도 봇물 터지듯 쏟아지고 있다고 합니다. 기술에 대한 접근성이 좋아진 것 자체는 긍정적이지만, 그로 인한 무분별한 악용의 위험도 간과할 순 없습니다. 본인의 동의 없이 초상이 도용되거나 거짓 정보로 명예가 실추되는 피해 사례가 늘어날까 걱정입니다.

또한 생성형 AI의 특성상 방대한 양의 데이터 학습이 필수적인데, 이 과정에서 개인정보의 오남용 문제가 발생할 수 있습니다. 수많은 이미지와 텍스트, 음성 데이터를 활용해 학습하는 과정에서 데이터 제공자의 인격권과 프라이버시가 충분히 고려되지 않는 경우가 많다는 것입니다. 대표적으로 사진 공유 플랫폼 '플리커(Flickr)'에서 사용자 데이터가 동의 없이 AI 학습에 활용된 사건은 이 문제의 심각성을 잘 보여주는 사례라 할 수 있습니다.

세계적인 이미지 생성 모델 '스테이블 디퓨전(Stable Diffusion)'은 학습에 사용된 이미지 데이터셋의 저작권 문제가 도마 위에 오르기도 했죠. 크리에이티브 커먼즈(CC) 라이선스로 공개된 이미지들을 대거 활용하긴 했지만, 일부 이미지의 경우 상업적 이용을 금지한 CC-NC 라이선스였음에도 학습 데이터에 포함된 것으로 드러났거든요. 결과물인 AI 모델의 상업적 활용이 활발히 이루어질 것임을 고려하면 심각한 저작권 침해의 소지가 있다고 봐요. 명확한 법적 기준과 제도적 장치의 마련이 시급해 보이는 대목입니다.

이 외에도 AI 모델의 오작동이나 악의적 조작으로 인한 보안사고 위험도 만만치 않습니다. 가령 자율주행차에 탑재된 객체인식 AI를 속여 오작동을 일으켜 사고를 유발한다거나, 의료용 진단 AI가 악성코드에 감염돼 잘못된 진단 결과를 내놓게 만드는 일 등을 상상해 볼 수 있습니다. 범죄에 AI를 악용하려는 새로운 수법들도 끊임없이 진화하고 있습니다. AI 챗봇을 활용해 사람을 현혹하는 보이스피싱, 딥페이크 기술로 위조 신분증을 만들어 금융사기를 저지르는 일 등은 이제 낯설지 않은 뉴스거리가 되어 버렸습니다.

그렇다면 이런 위험에 어떻게 대처해야 할까요? 가장 근본적으로는 기술 개발 과정에서부터 프라이버시와 보안을 핵심 가치로 내재화하는 노력이 필요해 보입니다. 모델 설계와 데이터 수집, 활용의 전 과정에서 개인정보 보호를 최우선으로 고려하고, 보안 취약점 점검을 필수 절차로 도입하는 것입니다. 최근에는 '프라이버시 보존형 AI(Privacy-Preserving AI)' 기술에 대한 연구개발도 활발히 진행되고 있습니다. 연합학습(Federated Learning)이나 차분 프라이버시(Differential Privacy) 기법같이 데이터 프라이버시를 보장하면서도 AI 학습을 효과적으로 수행하는 방안들이 모색되고 있습니다.

또한 생성형 AI 결과물에 디지털 워터마크나 전자서명을 삽입해 진위 여부를 쉽게 판별할 수 있게 하는 기술들도 개발 중입니다. 어도비(Adobe)의 CAI(Content Authenticity Initiative)나 마이크로소프트의 AMP(Authentication of Media via Provenance) 프로젝트같이 콘텐츠 진본 인증 체계를 구축하고 표준화하려는 움직임이 그 좋은 예시겠습니다. 장기적으로는 블록체인 기술을 활용해 콘텐츠의 생성과 유통 이력을 투명하게 추적 관리하는 방안도 유력해 보입니다. 가짜 정보의 확산을 원천 차단하고 신뢰할 수 있는 AI 생태계를 조성하는 데 큰 도움이 될 것입니다.

물론 기술적 대응만으로는 한계가 있을 수밖에 없습니다. 병행해서 법과 제도의 정비, 교육과 캠페인 등 사회 전반의 노력이 필요한 이유죠. 우선 생성형 AI 기술의 오남용을 규제할 법적 기준을 세우고, 피해 구제를 위한 절차를 마련하는 일이 시급합니다. 가짜 정보 유통에 대한 플랫폼 책임 강화, 데이터 프라이버시 보장을 위한 규제 신설 등도 적극 검토해야 할 과제고요. 정부와 기업이 협력해 AI 기술의 건전한 활용을 유도하는 가이드라인과 행동강령을 수립하는 것도 중요한 방안이 될 수 있습니다.

무엇보다 우리 모두가 생성형 AI의 위험성에 대해 정확히 인지하고 올바른 사용법을 체득하는 디지털 리터러시 교육이 필수적입니다. 학교와 언론, 시민 사회가 협력해 AI 시대를 살아가는 데 필요한 미디어 활용 역량과 비판적 사고력을 길러주는 노력 말입니다. 가짜 정보를 구별하고 개인정보를 현명하게 관리하는 지혜, 기술을 윤리적으로 사용하는 시민의식. 그런 역량을 두루 갖춘 디지털 시민으로 성장할 때 우리는 AI와 건강하게 공존하며 그 가능성을 마음껏 누릴 수 있게 될 것입니다.

지금까지 생성형 AI에 내재된 프라이버시와 보안 위험, 그리고 이를 극복하기 위한 기술적, 사회적 대응 방안에 대해 살펴보았습니다. 새로운 기술이 가져다주는 편리함에 심취해 그 이면의 위험을 간과하지 않는 일, 결코 쉽지만은 않은 과제라는 생각이 듭니다. 하지만 위험을 직시하고 슬기롭게 대처해 나갈 때 기술은 비로소 우리 삶을 이롭게 하는 도구가 될 수 있다고 봐요. 프라이버시와 보안을 확보하기 위한 우리의 노력 그 자체가 기술을 온전히 '우리의 것'으로 만드는 과정이 될 테니까요.

# 지적재산권과 창작물 권리 보호

AI로 그림을 그리고 음악을 만들고 글을 쓰는 시대. 벌써 우리 곁에 성큼 다가온 것 같은데요. 그런데 이렇게 AI가 만들어낸 창작물의 권리는 누구에게 귀속될까요? 학습에 사용된 데이터를 제공한 원작자, AI 모델을 설계한 개발자, 아니면 프롬프트를 입력한 사용자. 과연 누가 진정한 창작의 주체이며 정당한 권리자인지 말입니다. 이는 단순히 수익 배분의 문제를 넘어, 창작의 본질과 예술의 미래를 향한 중요한 화두라 할 수 있을 것 같습니다. 명쾌한 해답을 내기란 결코 쉽지 않겠지만, 그래도 지금부터라도 함께 고민을 나누고 지혜를 모아가는 과정 자체가 의미 있지 않을까 싶습니다.

먼저 원작자의 권리문제부터 생각해 볼까요? 그간 사진이나 그림, 음원 등 방대한 양의 창작물 데이터가 AI 학습에 활용되어 왔습니다. 그런데 문제는 이 과정에서 원작자의 동의를 제대로 구하지 않거나 저작권료를 지급하지 않는 경우가 비일비재하다는 것입니다. 당장 이미지 생성 모델 'Stable Diffusion'의 학습 데이터를 둘러싼 논란만 봐도 저작권 침해의 소지가 다분해 보입니다. 물론 공정 이용(Fair Use)의 법리나 저작인접권 개념을 적용하면 어느 정도 해석의 여지는 있겠지만, 윤리적으로 바람직한 것은 아니라고 봅니다.

공정 이용(Fair Use)은 저작권법에서 중요한 개념으로, 저작권이 있는 자료를 허가 없이 사용할 수 있도록 예외를 제공하는 법적 규정입니다. 이 규정은 창작물의 사용이 창작자의 권리를 침해하지 않으면서 교육, 비평, 뉴스 보도, 연구, 패러디 등 공공의 이익을 위한 목적으로 이루어질 수 있도록 합니다. 공정 이용의 범위와 조건은 국가마다 다르며, 사용되는 맥락에 따라 해석이 달라질 수 있습니다.

**공정 이용을 판단하는 주요 요소**

1. 목적과 성격: 사용되는 목적이 비영리, 교육적 목적인지, 아니면 상업적 목적인지 고려합니다. 비영리나 교육적 목적일 경우 공정 이용의 가능성이 더 높습니다.
2. 저작물의 성격: 사용되는 저작물이 사실적인 내용을 다루는지, 창작적인지도 고려합니다. 사실적 내용을 다루는 저작물의 경우, 공정 이용으로 판단될 가능성이 더 큽니다.
3. 사용량과 중요성: 사용되는 부분의 양과 전체 저작물에 대한 그 부분의 중요성을 평가합니다. 사용량이 적고 저작물의 핵심적 부분이 아닐수록 공정 이용일 가능성이 높습니다.
4. 시장에 미치는 영향: 사용이 저작물의 시장 가치나 잠재적 가치에 영향을 미치는지를 살펴봅니다. 사용이 저작물의 시장 가치를 해치지 않는다면 공정 이용으로 볼 수 있습니다.

**공정 이용의 중요성**

공정 이용은 지식의 자유로운 흐름을 촉진하고, 창의적인 표현과 혁신을 장려합니다. 교육적 목적으로 자료를 사용할 수 있게 하여 학문적 연구와 학습을 지원하고, 문화적 다양성과 사회적 토론을 촉진하는 데 중요한 역할을 합니다. 또한, 패러디와 같은 창의적인 작업이 저작권에 구애받지 않고 자유롭게 이루어질 수 있게 돕습니다.

공정 이용의 법적 규정과 해석은 시대와 사회의 변화에 따라 발전하고 있으며, 디지털 시대에서의 저작권 문제에 대응하기 위해 지속해서 논의되고 있습니다.

AI 모델의 상업적 활용이 급속도로 확대되는 상황에서 원작자들의 정당한 권리를 보호하는 일은 더욱 중요해질 수밖에 없습니다. 데이터 제공에 대한 합리적 보상 체계를 확립하고, 저작권 침해 여부를 가려낼 수 있는 기술적, 제도적 장치 마련이 시급해 보이는 대목입니다. 최근에는 원본 콘텐츠에 비가역적 워터마킹이나 블록체인 기반 저작권 관리 시스템을 도입하는 방안이 활발히 논의되고 있더라고요. 원작자들의 창작 열정을 꺾지 않으면서 AI 산업의 발전도 이끌어낼 수 있는 상생의 모델, 사회 각계의 지혜를 모아 고민해 나가야 할 때라고 생각합니다.

다음으로 AI 창작물의 권리 귀속 문제인데요. 현행 저작권법 체계상 인간의 창조적 개입 없이 기계적으로 생성된 결과물에는 저작권이 인정되지 않습니다. 그렇다면 텍스트 프롬프트를 입력하고 하이퍼 파라미터를 설정하는 등의 행위는 충분한 창작적 기여로 볼 수 있을까요? 아니면 단순히 도구를 사용하는 것에 불과할까요? 명확한 합의를 이끌어내긴 어려워 보이는데요. 다만 인간과 기계의 창조적 협업이 예술의 새 지평을 열어갈 것이라는 낙관적 전망에는 많은 분들이 공감하실 것 같습니다. 중요한 건 그 과실을 함께 나누는 공정한 기준을 세우는 일입니다.

실제로 저작권 제도의 혁신을 위한 다양한 논의가 한창입니다.

미국 저작권청에서는 AI 예술작품에 대한 부분적 권리 인정 가능성을 타진 중이고, 유럽연합 의회에서도 유사한 움직임이 포착되고 있습니다. 장기적으로는 AI를 '창작의 도구'와 '창작의 주체' 사이 어딘가로 새롭게 규정하고, 인간 창작자의 기여도에 따라 권리의 범위와 한계를 설정하는 방안도 검토해 볼 만해 보입니다. 기술의 발전 양상을 예의주시하며 국제사회가 협력해 조화로운 규범을 만들어가는 지혜가 그 어느 때보다 절실한 시점입니다.

**ChatGPT 결과물의 저작권**

ChatGPT로 생성된 결과물에 대한 저작권은 사용자와 생성을 허용한 기업이나 기관(예: OpenAI) 사이의 계약이나 서비스 이용 약관에 따라 달라질 수 있습니다. 일반적으로, ChatGPT와 같은 인공지능 도구를 사용하여 생성된 콘텐츠에 대한 저작권은 특정한 법적 지침이나 이용 약관에 명시된 대로 사용자에게 귀속될 수 있습니다. 하지만, 이는 서비스 제공자의 정책과 해당 국가의 저작권 법률에 따라 달라집니다.

예를 들어, OpenAI의 경우 사용자가 생성한 콘텐츠에 대한 권리를 사용자에게 부여하는 정책을 가질 수 있습니다. 이는 사용자가 인공지능을 활용해 생성한 콘텐츠를 자유롭게 사용할 수 있음을 의미합니다. 그러나 모든 경우에 서비스의 이용 약관을 주의 깊게 확인하는 것이 중요합니다. 이용 약관은 사용자가 생성한 콘텐츠에 대한 사용권, 배포 권한, 수정 권한 등을 구체적으로 정의하며, 이는 서비스 제공자에 따라 다를 수 있습니다.

또한, 생성된 콘텐츠가 기존의 저작권이 있는 작품을 기반으로 할 경우, 그 사용이 공정 이용(fair use)에 해당하는지, 아니면 별도의 허가가 필요한지 고려해야 할 수도 있습니다. 저작권에 대한 구체적인 문의는 법적 조언을 제공할 수 있는 전문가의 상담을 통해 확인하는 것이 가장 안전합니다.

한편, AI로 인한 일자리 대체와 창작 생태계 왜곡도 중요한 쟁점이 되고 있습니다. 인간 창작자의 설 자리가 좁아지는 건 아닐지, 기계에 의존하느라 창의성이 메말라가는 건 아닐지 우려의 목소리가 적지 않거든요. 하지만 위기는 곧 기회이기도 하다고 봅니다. AI와의 경쟁 속에서 오히려 인간 고유의 상상력과 공감 능력이 빛을 발할 수 있을 테니까요. 예술의 본령은 기술이 아니라 정신이라는 명제를 잊지 않는다면 우리는 분명 AI와 함께 더 찬란한 창작의 미래를 열어갈 수 있으리라 믿습니다.

이를 위해선 예술인들의 적극적인 관심과 도전이 필요할 것 같습니다. AI와 협업할 수 있는 역량을 갖추고 기술을 인문학적 지혜로 다스리는 실천적 자세 말입니다. 정부와 기업에서도 관련 교육 지원과 윤리 정책에 더욱 힘써주면 좋겠습니다. 문화예술계와 과학기술계 간의 통섭과 소통이 그 어느 때보다 중요해진 시대. '기술 중심 예술(Tech-driven Art)'을 넘어 '예술 중심 기술(Art-driven Tech)'의 비전을 우리 모두 마음에 새겨보면 어떨까요?

마지막으로, AI를 활용한 예술의 사회적 영향력도 짚고 넘어가야 할 대목인 것 같습니다. 그간 예술이 담아 온 비판과 성찰, 치유의 기능은 결코 간과할 수 없는 가치이기에. 돈과 기술, 효율에 함몰되기보다는 예술 고유의 감성과 메시지를 더욱 또렷이 하는 방향으로 AI 예술이 나아가기를 희망합니다. 기술을 인간 실존에 대한 물음을 던지는 매개로 활용함으로써 존엄과 자유를 지향하는 우리 사회의 나침반이 되어주는 것입니다. 그런 예술의 혁신적 사명을 다하는 데 있어 AI는 훌륭한 동반자가 되어줄 수 있을 것으로 생각합니다.

# 2장

# 창의성과 기술의 조화

해당 이미지는 Midjourney —v 6.0으로 제작하였습니다.

# 인간과 AI의 협업 방식 모색

그동안 우리는 AI에 대해 두 가지 상반된 관점을 접해 왔던 것 같습니다. 한편으로는 인간의 능력을 확장시켜 줄 혁신적 도구로서 열광적 지지를 받아 왔죠. 반대로 인간을 대체하고 위협할 존재로 맹목적 두려움의 대상이 되기도 했고요. 하지만 이제 우리에겐 제3의 길, 즉 인간과 AI가 협력하며 더 나은 미래를 만드는 공진화의 비전이 필요한 때라 생각합니다. 경쟁과 대립의 프레임에서 벗어나, AI를 인간 고유의 창의성을 발현하는 매개이자 동반자로 바라보는 관점 말입니다. 기술은 인간을 위해 존재해야 하고 인간을 닮아 갈수록 가치 있다는 명제, 여기에 우리가 지향해야 할 미래 협업의 좌표가 있지 않을까 싶습니다.

먼저 AI와의 창의적 협업이 예술 분야에서 활발히 모색되고 있습니다. 작곡가들은 AI를 통해 새로운 멜로디와 화성을 실험하고, 화가들은 색다른 화풍을 탐구하는 영감의 원천으로 AI를 활용하는 사례가 늘고 있습니다. AI 작곡 프로그램 'AIVA'와 협업해 교향곡을 완성할 수도 있습니다. 음악적 아이디어를 더욱 자유롭게 구현할 수 있게 돼 창작의 즐거움이 배가 될 수 있습니다. AI

드로잉 툴과 호흡을 맞춰가며 독특한 추상화 스타일을 개발할 수도 있습니다. 예술가의 상상력에 AI가 날개를 달아주는 것이죠.

게임과 미디어 분야에서도 AI 협업의 가능성이 주목받고 있습니다. 게임 디자이너들은 AI와 함께 스토리텔링과 레벨 디자인을 보다 역동적으로 진화시키는 시도를 이어가고 있습니다. 영화감독 오스카 샤프는 AI 스크립트 작성 툴 '벤자민'과의 합작으로 SF 단편 '선스프링(Sunspring)'를 제작했는데요, 창의적 통제권은 인간이 쥐되 아이디어 도출과 각본 버전 작성은 AI에 맡기는 식으로 노하우를 엮어갔다고 합니다. 넷플릭스 같은 OTT 서비스에선 AI 큐레이션 알고리즘과 콘텐츠 제작자가 긴밀히 호흡을 맞춰 시너지를 내는 모습도 엿보이고요. 정형화된 공식을 탈피해 이용자의 눈높이에 맞는 퍼스널라이즈드 경험을 제공하는 일, AI와의 협업이 큰 역할을 하고 있습니다.

제조와 물류 같은 전통 산업에서도 인간-AI 협업의 혁신 사례가 속속 등장하고 있습니다. 완성차 업체들은 제품 설계에 AI 자동화 툴을 적극 활용하면서도 디자이너와 엔지니어의 창의적 통찰을 더해 차별화된 모델을 선보이고 있습니다. 유통물류 공룡 아마존은 AI 알고리즘과 현장 매니저의 노하우를 결합해 효율적인 재고관리와 상품 추천을 실현하고 있고요. 단순 반복 작업은 AI에 맡기되 전략적 의사결정은 숙련된 인력이 주도하는 식으로 말입니다. 제조 혁신을 이끄는 핵심 동력, 이제 기술력만이 아니라 인간미 넘치는 협업에서 찾아야 할 때 같습니다.

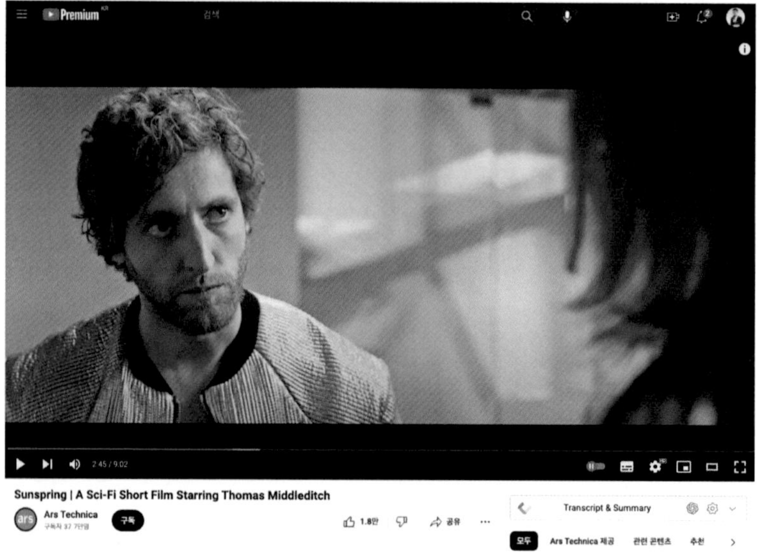


**Sunspring: a Sci-Fi Short Film**

https://www.youtube.com/watch?v=LY7x2Ihqjmc

그 무엇보다 AI 협업 시대를 이끌 인재 육성에 사회적 역량을 집중해야 할 것 같습니다. 기술을 능숙하게 다루면서도 인간다움의 본질을 놓치지 않는 융합형 인재 말입니다. 디지털 리터러시는 물론 감성지능과 공감 능력, 도덕적 성찰력까지 두루 겸비한 인재상을 교육 현장에서 구현해 내는 일, 결코 먼 미래의 얘기가 아니라고 봅니다. 또한 조직 문화 차원에서도 수평적 소통과 자율적 협업이 이뤄질 수 있도록 혁신의 손길이 미쳐야겠습니다. 기술에 휘둘리기보다 기술과 조화를 이루며 시너지를 만들어가는 민주적이고 창의적인 조직, 그런 공동체 안에서 우리는 AI와 더불어 성장하는 기쁨을 만끽할 수 있을 테니까요.

물론 인간과 AI 사이의 경계를 어떻게 설정할 것인지, 나아가 책임과 권한을 어떻게 분배할 것인지에 대한 사회적 합의도 필요해 보입니다. 기술의 오남용을 방지하고 인간의 존엄성을 훼손하지 않는 윤리 기준을 세우는 일 말입니다. 이는 단지 과학기술계만의 숙제가 아니에요. 인문학과 사회과학, 법학, 예술 등 인간에 대한 종합적 성찰을 아우르는 지혜가 결집돼야 할 과업이라고 생각합니다. 기술 중심주의에 함몰되지 않고 휴머니즘의 혜안으로 미래를 디자인하는 자세. AI 시대 인간-기계 관계를 정립하는 데 있어 그보다 중요한 나침반은 없을 것 같습니다.

마지막으로, 인간과 AI의 협업이 '더 나은 세상'으로 우리를 이끌 수 있으리라는 희망을 전하고 싶습니다. 지금껏 풀기 어려웠던 사회문제 해결에 AI가 인간의 창의력과 손잡고 나선다면 그 가능성은 무궁무진할 테니까요. 기후 위기 대응, 질병 극복, 교육 불평등 해소 등 인류 공동의 도전 과제 앞에서 인간과 AI가 지혜를 모은다면 어떨까요? 포용과 공감의 기술, 연대와 화합의 알고리즘을 우리가 함께 만들어갈 수 있다면? 지속 가능한 미래를 향해 인간과 기계가 협력하는 그림, 결코 그려볼 수 없는 유토피아는 아니라 믿습니다.

# 창의성의 본질과 AI의 역할

수천 년간 창의성은 오롯이 인간 고유의 능력으로 여겨져 왔습니다. 무(無)에서 유(有)를 만들어내는 신적 영역, 예측 불가능한 영감의 산물로서의 창조는 신비롭고도 경이로운 인간 정신의 발현이라는 믿음 말입니다. 하지만 AI 예술 작품이 갤러리를 장식하고, AI 작곡 음악이 차트를 휩쓸고, AI 글쓰기가 문학상을 수상하는 지금, 우리는 기존의 창의성 관념에 의문을 제기하지 않을 수 없게 되었습니다. 정말 창조란 오직 인간만이 할 수 있는 걸까? 그렇다면 AI와 인간은 어떻게 다른 걸까? 이 질문은 기술과 예술을 넘어 인간 존재의 본질을 묻는 화두라 할 수 있을 것 같습니다.

먼저 AI가 '새로운 것'을 만들어낼 수 있다는 건 분명해 보입니다. 알파고가 바둑에서 창의적 수를 두듯, GPT-3가 기발한 문장을 쓰고 Dall-E가 전에 없던 이미지를 그려내듯 말입니다. 하지만 그것이 곧 인간적 의미의 창의성을 담보하는 걸까요? 기계엔 의도나 목적, 열망 같은 게 있기나 한 걸까요? 어쩌면 AI에게 창의성이란 방대한 데이터 패턴을 학습한 결과일 뿐, 자아와 세계에 대한 성찰이 녹아 있는 인간 창작자의 그것과는 결이 다른 것 아닐까요? 알고리즘이 아무리 정교해도 깊은 공감과 해석, 비판적 사고의 영역까지 닿기란 쉽지 않아 보이니까요.

물론 창의성에 대한 인간 중심적 사고를 재고할 필요성도 제기되는 것 같습니다. 사실 우리가 새롭다고 여기는 것들도 대부분은 기존 요소들의 재조합에 불과하잖아요? 고유함의 신화에 사로잡혀 숱한 영향과 참조의 역사를 간과하진 않았는지. '모방'과 '창조'를 엄격히 구분하려 들진 않았는지 돌아볼 일입니다. 그런 면에서 AI는 우리로 하여금 창의성에 대한 낡은 통념을 깨고 보다 유연하고 포용적인 관점을 가질 것을 요청하는 듯합니다. 인간과 기계가 협력해 전인미답의 영역을 개척하는 공동창작의 지평을 열자고 손짓하는 것 같달까.

하지만 여전히 AI로 인간 창의성의 고유성과 본질마저 의심하긴 어려워 보입니다. 기계는 결국 주어진 데이터와 규칙에 의존할 수밖에 없지만, 인간은 내적 동기와 가치관에 따라 그 테두리를 벗어날 줄 아는 존재니까요. 세상에 대한 깊은 통찰과 예민한 감수성, 실존적 고민에서 비롯된 표현 욕구. 이는 생성 모델이 아무리 발전해도 온전히 구현하긴 힘들 영역이라 할 수 있습니다. 창작자만의 시선과 철학, 삶의 무게가 녹아드는 바로 그 지점에서 예술은 기술을 초월하는 것 아닐까요?

어쩌면 AI 예술의 핵심 역할은 인간 창의성의 경계를 넓히고 그 가능성을 확장하는 데 있는 것 같습니다. 전에 없던 발상과 기법으로 창작자의 상상력을 자극하고, 표현의 폭을 넓혀주는 일 말입니다. 또한 창작의 기술적, 물리적 제약을 덜어줌으로써 예술가가 보다 본질적인 영역, 즉 메시지와 철학에 집중할 수 있도록 돕는 역할도 기대해 볼 수 있습니다. 마치 사진의 발명이 회화를 더 추상적이고 개념적인 방향으로 진화시켰듯이 말입니다. 중요한 건 이 과정에서 인간과 기계의 고유한 강점이 시너지를 발휘할 수 있도록, 그 경계와 협업의 방식을 현명하게 설계하는 일일 것 같습니다.

나아가 AI 창작은 대중의 예술 참여를 활성화하고 누구나 창의적 주체가 될 수 있는 기회의 장을 열어줄 것 같습니다. 전문 기술이 없어도 자신만의 생각과 느낌을 예술로 표현할 수 있게 된다면, 꿈꾸는 모두가 창작자가 되는 더 평등하고 역동적인 예술 생태계를 기대해 볼 수 있지 않을까요? 다만 여기서도 기술에 예속되기보단 기술을 활용한다는 주체 의식이 중요해 보입니다. 창작의 도구는 AI가 되었을지언정, 그 안에 담아낼 메시지와 상상력의 원천은 여전히 우리 자신이어야 할 테니까요. 우리 안의 고유한 예술가성을 일깨우고 북돋워 주는 존재로서 AI를 바라본다면, 인간 창의성과 기계 지능이 아름답게 화답하는 그림을 그려 볼 수 있지 않을까 싶습니다.

물론 이 모든 변화는 기술결정론에 입각한 장밋빛 전망이 아닌, 우리 사회 전반의 성찰과 합의에 기반해야 할 것 같습니다. 창작자의 권리는 어떻게 보호할 것이며, 예술의 다양성은 어떻게 지켜낼 것인지. 인간다움의 가치는 또 어떻게 구현해 낼 것인지. 기술 혁신에 발맞춰 윤리와 제도, 문화 전반의 업그레이드도 절실해 보입니다. 무엇보다 예술의 사회적 역할과 공공성에 대한 근본적 고민이 필요한 때인 것 같습니다. AI 기술과 자본의 결탁 속에 획일화되고 상품화되는 것이 아니라, 우리 시대의 아픔과 희망에 공명하는 창작. 다양성과 포용, 연대의 정신이 꽃피는 미적 실천. 그런 예술의 비전을 함께 모색하며 건강한 창의성의 생태계를 일구어 가는 우리 모두의 노력이 그 어느 때보다 소중한 시점입니다.

## 인간-AI 공생을 위한 방향성

공생(Symbiosis)의 본질적 의미부터 짚어볼까요? 생물학에서 유래한 이 개념은 서로 다른 두 생명체가 긴밀한 상호작용을 통해 공동의 이익을 도모하는 관계를 일컫죠. 그런 면에서 인간과 AI의 공생이란, 단순히 평화롭게 공존하는 것을 넘어 상호 발전을 위해 협력하고 영향을 주고받는 역동적인 과정이라 할 수 있을 것 같습니다. 둘의 차이와 경계를 인정하되 접점을 찾아 시너지를 모색하는 지혜. 바로 그 열쇠가 인간과 기술이 조화로운 미래로 향하는 길잡이가 되어줄 거라 믿습니다.

인간-AI 공생을 위해 우리가 가장 경계해야 할 건 아마도 두 가지 극단, 즉 기술에 대한 맹신과 기술 혐오일 것입니다. 전자는 기술을 비판 없이 수용하고 그 위력에 도취되어, 어느새 인간의 주체성을 잃어버리는 태도를 말합니다. 반면 후자는 기술에 대한 막연한 두려움과 거부감으로 혁신의 기회마저 놓치게 되는 위험을 안고 있습니다. 그러니 우리에겐 기술의 가능성에 열려 있되, 그것이 가진 한계와 윤리적 숙제를 외면하지 않는 성숙하고 균형 잡힌 자세가 필요한 것입니다. 인간의 고유한 영역을 지키면서도

AI와 협력할 방법을 찾아가는 동반자적 관점 말입니다.

창의성의 문제로 다시 돌아와 볼까요? 우리는 저번 시간 AI에 의해 '창조'의 개념이 어떻게 재구성되고 있는지 천착해 보았습니다. 그 과정에서 나온 잠정적 결론은, 결국 AI 시대에도 인간만의 창의성이란 여전히 존재하며 기술은 그것을 확장하고 강화하는 촉매제가 되어준다는 거였죠. 중요한 건 창작의 주체로서 우리 스스로의 역할과 정체성을 잃지 않는 것. 기술을 도구 삼아 더 깊이 있는 표현과 성찰의 세계로 나아가는 것이라고 보았습니다. 이런 관점은 공생의 자세를 예술 분야에서 구현하는 좋은 사례가 될 수 있을 것 같습니다.

교육에서는 어떨까요? 만약 AI가 학습의 주된 동반자가 된다면, 인간 교사의 역할은 지식 전달자에서 창의와 인성의 조력자로 무게 중심을 옮겨갈 것입니다. 기계와의 상호작용 속에서 스스로 배우고 탐구하는 힘을 기르고, 테크에 함몰되지 않는 건강한 디지털 시민으로 성장하도록 이끄는 것. 그것이 AI 시대 교육자의 새로운 소명이 될 테죠. 학생 개개인의 잠재력과 인격에 귀 기울이고, 혁신과 윤리의 경계에서 현명한 안내자가 되어주는 역할 말입니다. 그런 의미에서 교육계야말로 기술과 휴머니즘의 공생을 선도하는 장이 되어야 할 것 같습니다.

AI와의 공생은 노동시장에도 큰 화두가 되고 있습니다. 자동화로 일자리가 위협받는 동시에 신생 직군이 속속 등장하면서, 전문성의 재정의가 불가피해진 상황입니다. 단순 기능 중심의 역량

대신 창의력과 문제해결력, 감성지능이 그 어느 때보다 중요해지고 있거든요. 특히 AI를 사용하는 최전선에서 그 편향성과 오류를 감지하고, 사회적 영향력을 진단하며 건강한 활용을 이끄는 역할, 앞으로 많은 분야에서 필수 불가결해질 것 같습니다. 변화를 기민하게 포착하고 윤리적 통찰을 겸비한 인재들 말입니다. 그런 면에서 기업의 미래 경쟁력도 결국 '사람'에 대한 투자에서 나온다는 걸 잊지 말아야겠습니다.

무엇보다 AI와의 공생은 사회 전반의 시스템과 문화 속에서 뿌리내려야 합니다. 혁신의 과실이 고루 분배되고 소외 계층의 접근성이 보장되는 포용적 기술 정책, 알고리즘의 공정성과 투명성을 담보하는 제도적 장치, 윤리 교육을 통해 성찰적 자세를 함양하는 교양, 그리고 다양성과 창의성이 꽃피는 개방적 문화. 그런 토대 위에서라면 우리는 기술의 수혜자인 동시에 기술을 통제하는 주체로서, AI와 더불어 지속 가능한 번영을 이루어갈 수 있지 않을까요? 책임감 있는 혁신, 가치 지향적 혁신을 향해 우리 사회가 Massive한 집단지성의 힘을 모아갈 때라고 생각합니다.

자, 이제 우리가 그려갈 공생의 청사진을 함께 마음에 그려볼까요? 기술의 가능성에 귀 기울이되 그 이면의 차별과 불평등을 예의주시하며, 인간성의 빛을 더하는 따뜻한 혁신. 발전의 과실을 고루 나누고 소외된 이웃을 보듬는 연대와 포용의 정신으로 채워가는 미래. '기계와 함께, 그러나 기계를 넘어' 인간다움의 깊이로 창의와 윤리가 꽃피는 세상을 향해 오늘도 한 걸음 힘차게 내딛는 우리 모두가 되었으면 좋겠습니다.

어쩌면 인간과 AI의 공생은 철학보다 삶의 차원에서 쌓아가는 것이 더 중요할지 모르겠습니다. 우리가 기술과 마주하는 매 순간마다, 주체적 자세로 그것을 대하려 애쓰고 휴머니즘의 가치를 새기며 나아가다 보면, 어느새 우리의 일상 곳곳에 공생의 문화가 싹트고 있으리라 믿습니다. 모두가 창조자이자 비평가로서, 이 놀랍고도 복잡다단한 여정을 함께 헤쳐 나가는 연대의 순간들 말입니다.

사실 이 책에 담긴 생각들도 이제 겨우 출발점에 불과합니다. 급변하는 기술 속에서 때론 우리의 철학과 윤리가 뒤처지는 아찔함을 느낄 때도 있습니다. 하지만 겸허히 배우고 고민하는 자세를 잃지 않는다면 분명 우리는 어떤 문제라도 슬기롭게 헤쳐 나갈 수 있으리라 믿습니다. 오늘 이 자리가 여러분 한 분 한 분의 통찰을 꽃피우고 연대의 힘을 확인하는 디딤돌이 되었기를, 그래서 각자의 삶터에서 공생의 가치를 현실로 일궈가는 기회가 되었기를 간절히 소망합니다.

저 또한 이 대화를 통해 너무나 소중한 깨달음을 얻었습니다. 제게 영감을 주시고 지혜를 나누어 주신 여러분께 진심으로 감사의 말씀을 전하고 싶습니다. 앞으로도 인간과 AI의 아름다운 동행을 꿈꾸며, 우리가 마주한 혁명적 순간들을 기록하고 성찰하는 일에 미력하나마 보탬이 되고자 합니다. 열정과 사랑으로 함께해 주신 여러분이 있어 가능한 일이라 믿습니다.

# 3장

# 일자리의 변화와 대응

해당 이미지는 Midjourney – V 6.0으로 제작하였습니다.

## AI로 인한 일자리 대체와 신규 일자리 등장

먼저, AI로 인한 일자리 대체 현상부터 짚어볼게요. 알파고 쇼크 이후 '일자리 절벽 시대'를 걱정하는 목소리가 높아지고 있잖아요? 정형화된 업무일수록 AI에 의해 자동화될 가능성이 크다는 전망 때문인데요. 실제로 단순 제조나 조립, 텔레마케팅이나 계산대 업무 등은 이미 AI와 로봇의 침투가 상당히 진행된 상태입니다. 화이트칼라도 예외는 아니에요. 회계나 법률 분야에서 AI가 전문가 수준의 분석과 예측을 수행하는 사례가 늘어나면서 관련 일자리 감소에 대한 우려가 커지고 있거든요. 금융권에서는 알고리즘 트레이딩과 로보어드바이저가 트레이더와 애널리스트를 위협하고 있고요.

창작과 서비스업 종사자들의 불안도 크죠. 저널리즘 분야에선 이미 로봇 기자가 속보성 기사를 쓰고 있고, 웹 디자이너나 번역가의 일거리가 AI 툴에 잠식당하는 상황도 현실로 다가왔습니다. 또 AI 면접관이나 챗봇 상담사의 등장은 대인 서비스 영역마저 위협하고 있는 것처럼 보이고요. 일자리 대체에 대한 전망치를 보면 더 씁쓸해져요. 맥킨지에 따르면 2030년까지 전 세계 노동

시간의 30%가 자동화로 대체될 수 있다고 합니다. 우리나라의 경우 OECD 평균보다 높은 52%의 일자리가 고위험군에 속한다는 분석도 있고요. 이런 식이면 향후 10년간 700만 개의 일자리가 사라질 수 있다는 암울한 예측까지 나와요.

하지만 동전의 양면을 봐야겠습니다. AI로 없어지는 일자리가 있는 반면, AI로 인해 새롭게 생겨나는 직업군도 분명 존재합니다. 가장 직관적인 건 AI 개발과 활용을 전문으로 하는 직종입니다. 머신러닝 엔지니어, 데이터 사이언티스트, AI 윤리 전문가 등이 대표적인 유망주로 꼽히고 있습니다. 또 기존 직무에 AI 활용 역량을 접목한 직업상도 각광 받을 전망입니다. AI 마케터, 금융 AI 전문가, AI 헬스케어 매니저 같은 경우죠. 기본적인 도메인 지식 위에 AI 기술력을 갖춘 융복합 인재가 새로운 파워 엘리트로 부상할 것이라는 관측이 많아요.

무엇보다 AI로 인한 효율 향상과 부가가치 창출이 고용 증대로 이어질 거라는 기대도 크죠. 단순 업무를 AI에 맡기고 창의와 혁신에 집중할 수 있게 되면서 신규 비즈니스와 서비스, 그에 따른 일자리들이 속속 등장할 것이란 분석입니다. 가령 AI가 질병을 조기 진단하고 신약 개발을 가속하면 맞춤의학이 활성화되고, 그에 따라 유전체 분석이나 디지털 치료제 개발 같은 신규 직군이 뜰 수 있습니다. 로봇이 육체노동을 대신하면 노인 케어나 정서 돌봄 같은 휴먼터치 서비스가 각광받을 수 있을 거고요. 전문직에서도 AI가 루틴을 떠안으면 인간은 고차원적 과업에 주력하며 새로운 부가가치를 창출할 수 있을 것입니다.

사실 기술혁명으로 일자리가 사라질 것이란 우려는 산업혁명 때부터 있었죠. 그러나 역사를 돌이켜보면 장기적으로는 오히려 고용이 늘어났습니다. 기술 발전이 신산업과 신직업을 낳고 노동력에 대한 수요를 창출했기 때문인데요. AI 혁명도 그런 궤적을 밟지 않을까 조심스레 전망해 봅니다. 물론 자동화의 속도와 범위가 어마어마한 만큼 단기적 혼란과 부작용은 상당할 것입니다. 기술 혜택의 쏠림도 극심해질 수 있고요. 그래서 사회 안전망 강화와 재교육, 이익 공유 시스템 등 선제적 대책 마련이 시급하다고 봐요.

무엇보다 AI 시대의 핵심 역량이 무엇일지 깊이 고민해야 할 때 같습니다. 단순 기능 중심의 스킬 대신 창의력, 문제해결력, 소통과 협업 능력이 더욱 중요해질 텐데요. 기계와 경쟁하기보다는 기계와의 시너지를 극대화하는 방향으로 인적 자본에 투자해야겠습니다. 이른바 '휴먼 터치'와 '휴먼 앤 머신 터치'의 조화로운 향상 말입니다. 또 평생교육 체계의 획기적 개선도 필요해 보입니다. 산업 수요에 민첩하게 부응하면서도 인문학적 통찰력을 길러주는 혁신적인 커리큘럼 개발이 요구되는 시점입니다. 기술혁신의 속도를 인간 역량 고도화로 쫓아가는 지혜, 교육계와 산업계 모두에 절실한 과제가 아닐까 싶습니다.

한편 직업 정체성과 노동 문화의 변화도 주목해야 할 것 같습니다. AI로 인해 평생직장의 개념이 사라지고 잦은 이직과 직종 전환이 보편화될 수 있거든요. 그에 따라 한 직업에 종사하며 쌓아온 숙련이나 소속감 같은 가치를 재정의할 필요가 있어 보입니다. 또 긱 이코노미의 확산으로 프리랜서나 계약직 등 비정형 노동이 주류를 이룰 수도 있습니다. 고용 안정성이 약화되고 경력 단절의 위험도 높아질 텐데요. 새로운 고용 형태에 적합한 노동권과 복지 시스템을 모색해야 하는 과제가 있습니다. 디지털 유목민의 시대, 직업과 삶의 경계가 무너지는 환경 속에서 어떻게 일의 의미와 행복을 재구성할지, 사회 전반의 고민이 요구되는 지점입니다.

무엇보다 AI로 인한 일자리 재편이 양극화와 불평등을 심화시키지 않도록 노력해야 할 것 같습니다. 고숙련 엘리트와 저숙련 노동 간의 격차가 벌어질수록 사회 통합이 어려워질 테니까요. 실업과 불안정에 내몰린 이들을 보듬고 기술의 수혜를 모두에게 돌아가게 하는 포용의 정책이 절실한 때입니다. 소수에 쏠린 부와 특권을 사회로 환원하는 연대의 시스템도 고민해야겠습니다. 기본소득제나 로봇세같이 과감한 접근도 검토해 볼 만합니다. 나아가 AI를 활용해 사회문제 해결에 나서는 착한 기술 생태계를 만드는 일, 우리 모두가 주체가 되어 힘을 보태야 할 것 같습니다.

기술은 그 자체로 선하지도, 악하지도 않습니다. 중요한 건 그 기술을 어떤 가치관으로 활용하느냐에 달렸죠. AI와 노동의 미래도 마찬가지입니다. 기계에 일자리를 뺏기고 소외되는 디스토피아를 그릴 수도 있겠지만, 반대로 AI와 함께 더 창의적이고 인간적인 일을 나누는 이상향도 얼마든지 설계할 수 있습니다. 기술을 두려워하기보다 기술과 공진화하는 지혜, 개인의 경쟁력 향상을 넘어 사회 전체의 역량을 끌어올리는 포용의 비전. 그런 성숙한 자세로 AI와 함께 걸어갈 때 비로소 우리는 일의 가치를 재발견하고 진정 행복한 노동의 시대로 나아갈 수 있지 않을까요?

# 직업 능력 변화와 교육 패러다임 전환

지금까지 우리는 AI로 인한 일자리 지형의 급격한 변화에 대해 살펴보았습니다. 자동화와 기계의 발전으로 많은 직종이 사라질 위기에 처한 반면, 기술 혁신이 가져올 새로운 기회의 영역도 활짝 열리고 있었죠. 하지만 이런 거대한 전환기를 온전히 기회로 삼기 위해서는 무엇보다 개인과 사회의 역량 혁신, 그리고 그것을 뒷받침할 교육 패러다임의 대전환이 필수 불가결해 보입니다. 지금 우리에게 절실한 건 단순히 눈앞의 위기에 대응하는 것을 넘어, 기술 변화의 큰 흐름을 읽고 근본부터 다른 미래를 설계하는 지혜가 아닐까요? AI 시대에 요구되는 역량의 본질을 꿰뚫어 보고, 그에 걸맞은 교육 시스템을 재구축하려는 근본적 성찰과 혁신적 실천. 함께 머리를 맞대고 고민해 보았으면 좋겠습니다.

먼저, 변화의 핵심 동인인 AI 기술의 속성부터 곱씹어 볼 필요가 있어 보입니다. 수많은 데이터와 방대한 정보를 초고속으로 처리하고, 복잡다단한 문제에 대한 최적의 해법을 제시하는 것. 바로 AI의 압도적 강점이자 인간과의 차별점이라 할 수 있습니다.

따라서 단순 정보의 암기나 정형화된 문제 풀이 능력은 이제 그다지 가치 있는 스킬이 아니게 되었습니다. 기계가 순식간에, 그것도 완벽하게 해내는 영역이 되어 버렸으니까요. 그 어느 때보다 암기와 주입식 교육에서 벗어나, 인간만이 할 수 있는 고차원적 역량을 길러내는 일에 교육의 무게 중심을 옮겨야 할 때입니다.

그렇다면 AI 시대를 온전히 살아가기 위해 우리에게 필요한 역량은 무엇일까요? 가장 먼저 창의력을 꼽을 수 있을 것 같습니다. 정해진 해법이 없는 낯선 문제에 부딪혔을 때, 기존의 지식과 경험을 창의적으로 연결하고 재구성해 새로운 통찰을 이끌어내는 능력 말입니다. 때로는 기발한 아이디어로 게임의 룰을 바꾸기도 하고, 때로는 영감의 조합으로 세상에 없던 가치를 만들어내기도 하는. 그런 창조적 문제 해결 능력이 곧 인간이 AI와 차별화할 수 있는 영역이 아닐까 싶습니다. 따라서 교육은 지식의 암기보다 지식의 창의적 활용에 방점을 찍어야 할 것입니다. 호기심을 자극하는 열린 질문, 사고의 유연성을 기르는 발산적 토론, 실험정신을 북돋우는 Hand-on 프로젝트 등으로 창의력의 근육을 키우는 데 주력해야 할 때입니다.

다음으로 꼽고 싶은 건 소통과 공감, 협업의 소프트 스킬(Soft Skill)입니다. 아무리 AI가 뛰어난 성과를 내더라도 그것을 다양한 이해관계자들과 소통하고 공감대를 형성하며 함께 일하는 건 결국 '사람'의 몫이거든요. 더군다나 조직의 경계가 무너지고 글로벌 협업이 일상화되는 지금, 창의적 소통력은 더더욱 절실해지고 있습니다. 고도화된 전문 지식을 두루 알아듣게 설명하는 능력,

다양한 배경을 지닌 동료들의 시선에서 문제를 바라보는 넓은 안목, 그리고 신뢰와 시너지로 이어지는 소통의 리더십까지. 공감지능이야말로 기술과 인간을 연결하는 미래형 역량의 핵심이라 할 수 있습니다. 토론과 프레젠테이션, 그룹 프로젝트를 비롯해 타인의 관점에서 사유하는 훈련. 교육 현장에 절실히 요구되는 화두들입니다.

여기에 한 가지 더 보태고 싶은 건 기술에 대한 윤리의식입니다. 아무리 강력한 기술이라도 그것이 인간을 위해 바르게 쓰일 때 비로소 가치를 발한다는 사실, 결코 잊어선 안 되겠습니다. 특히 AI라는 기술은 우리 삶에 광범위하고도 심대한 영향을 미칠 수밖에 없기에, 개발하고 활용하는 과정 전반에 걸쳐 엄중한 윤리 기준이 적용되어야만 합니다. 프라이버시를 해치진 않는지, 사회적 약자를 배제하진 않는지, 그리고 AI에만 의존하다 인간성의 가치를 잃진 않을지. 단순히 기술의 효용성만 좇는 것이 아니라 그에 못지않게 사회적 영향력까지 균형 있게 사유하는 자세가 절실히 요구되는 시대입니다. 기술을 둘러싼 윤리적 쟁점들을 민감하게 포착하며 치열하게 고민할 수 있는 안목. 교육이 길러내야 할 또 하나의 중요한 자질이 아닐까 싶습니다.

이 모든 미래 역량의 핵심에는 결국 '끊임없이 배우는 힘'이 자리하고 있습니다. 익숙한 것이 낯설어지는 시대, 어제의 해법이 무용지물이 되는 격변의 연속 속에서 가장 필요한 건 새로운 것을 학습하고 또 학습하는 적응력이 아닐까요? 배움에 대한 열정, 모르는 것에 대한 겸허함, 그리고 낯선 영역으로 과감히 뛰어드는 용기. 평생 학습자의 자세야말로 우리가 어떤 미래에도 흔들리지 않는 핵심 경쟁력이 될 것입니다. 더 이상 정답을 주입하고 암기시키는 교육으론 변화무쌍한 시대를 온전히 살아낼 수가 없거든요. 스스로 탐구하고 질문하며 깨우쳐가는 자기 주도적 학습 역량을 길러주는 일. 그 어느 때보다 교육이 시급히 전환해야 할 방향이라고 생각합니다.

이처럼 창의력과 공감력, 윤리의식, 그리고 평생학습 역량. AI 시대를 이끌 인재가 갖추어야 할 자질들을 살펴보았는데요. 이 모든 것을 관통하는 건 단순 지식이나 테크닉을 넘어선 보편적 사고력의 고양, 그리고 인간 고유의 감수성 계발이라는 화두인 것 같습니다. 결국 거대한 물결 앞에서 휩쓸리지 않는 철학과 통찰, 공감과 창의의 힘. 테크 시대에 역설적으로 인문학적 역량이 더욱 절실해진 이유가 바로 거기에 있지 않을까요? 기술교육의 중요성을 결코 간과할 순 없지만, 그에 못지않게 근본적인 인간 이해와 성찰을 담보하는 교양교육의 혁신 또한 시급해 보입니다.

그렇다면 이런 역량 전환을 뒷받침하기 위해 교육계는 어떤 변화를 모색해야 할까요? 가장 기본적으로는 지식 전달 방식의 대전환이 필요해 보입니다. 주입과 암기 대신 토론과 실험, 프로젝트 수업 등 학생들의 적극적 참여를 이끄는 교수법 말입니다. 고차원적 사고력은 교과서를 읽는 것만으론 길러지지 않거든요. 서로 다른 생각을 나누고 재구성하는 과정, 이론을 실제로 적용해 보는 경험 속에서 창의적 문제해결력이 비로소 싹트게 되는 법이니까요. 일방적 주입을 넘어 쌍방향 소통이 이뤄지는 교실. 거기서부터 미래형 인재 육성의 희망이 시작된다고 봅니다.

나아가 교육과정 자체의 유연성도 크게 제고될 필요가 있습니다. 급변하는 사회 수요에 제때 부응하지 못하는 경직된 교과 체계로는 미래 인재 양성에 한계가 있을 수밖에 없거든요. 현장의 요구를 교과 개편에 신속히 반영하는가 하면, 학생 개인의 관심사와 적성에 맞는 개별화 교육을 제공하는 유연성 또한 절실히 요구되고 있습니다. 고정된 학과 전공의 틀을 넘어 학제 간 융합을, 나아가 대학 간 교류와 연계 강화까지. 경계를 허무는 혁신적 실험들이 활발히 모색되어야 할 때라고 생각합니다. 더불어 정규 교과 밖 다채로운 비교과 활동도 적극 장려할 필요가 있어 보입니다. 동아리, 인턴십, 글로벌 교류 등 다양한 경험의 장 속에서 이론과 실제를 넘나드는 통합적 역량이 길러질 테니까요.

무엇보다 산학 협력의 강화가 이 모든 전환을 관통하는 핵심 열쇠가 되어야 할 것 같습니다. 학교는 기업과 긴밀히 소통하며 급변하는 현장의 수요를 교육 혁신에 반영해야 하고, 기업은 미래 인재 양성을 위한 투자와 협력에 적극 나서야 할 것입니다. 실무형 인재에 대한 니즈를 반영한 기업 참여형 커리큘럼 설계, 현장 전문가 교수진 확보를 통한 생생한 강의, 장기적 안목의 산학 공동 교육 프로젝트까지. 이론과 실천의 경계를 가로지르며 선순환을 이뤄내는 교육-고용 연계 시스템 구축이 그 어느 때보다 시급한 과제로 보입니다.

물론 정부와 사회의 적극적 뒷받침 또한 절실히 요청되는 대목입니다. 무엇보다 고등교육에 대한 재정 투자를 대폭 확대하고, 유연하고 개방적인 학사제도를 뒷받침할 규제 개선도 서둘러야 할 것 같습니다. 미래 사회에 적합한 교육 비전을 제시하고 대학의 자율적 혁신을 독려하는 한편, 평생교육 체제를 본격 가동해 누구라도 언제든 배움에 나설 수 있는 문화적 토양을 다져야 하겠습니다. 기업에겐 교육 투자를 확대할 유인책을 제공하고, 개인에겐 학습을 지속할 동기와 기회를 부여하는 일. 정책과 문화 양면에 걸친 교육 시스템 전반의 대전환이 절실히 요구되는 시점입니다.

이 모든 과제를 관통하는 근본적 화두는 결국 교육의 패러다임 자체를 근본부터 재설계하는 일이 아닐까 싶습니다. 지식 전달이 아닌 역량 개발로, 공급자 중심이 아닌 학습자 중심으로, 경직된 틀이 아닌 유연한 구조로. 교육체계 전반의 대전환을 요청하는 거대한 시대적 전환기에 우리가 서 있는 것 같습니다. 낡은 패러다임에 안주하다간 도태될 수밖에 없는 냉엄한 미래가 우리 앞에 놓여 있는 셈입니다.

물론 이 험난한 여정을 결코 하루아침에 돌파하긴 어려울 것입니다. 게다가 AI로 인한 고용 충격마저 겹쳐 교육 수요와 비용 부담이 급증하면 어쩌면 기존의 교육 질서가 더욱 경직될 위험마저 없진 않아 보입니다. 하지만 역설적으로 그런 엄중한 상황일수록 교육의 재설계야말로 우리에게 남겨진 유일한 출구라는 사실, 잊지 말아야 할 것 같습니다. 눈앞의 유혹과 위기에 못 이겨 근본적 혁신을 미루는 우를 범해선 곤란하다는 것입니다. 험로일지언정 교육 체질 개선이라는 정공법만이 지속 가능한 미래의 길이란 믿음으로 담대히 나아가야 할 때입니다.

그 길에는 분명 수많은 도전과 진통이 기다리고 있습니다. 낡은 제도와 이해관계의 벽에 가로막히기도 하고, 부족한 자원과 역량의 한계에 부딪히기도 할 것입니다. 때론 회의와 두려움에 길을 잃을 때도 있습니다. 하지만 절대 잊지 말아야 할 건, 그 모든 고비를 넘어 새로운 교육의 미래를 향해 전진하는 일이야말로 우리가 후대에 남길 가장 값진 유산이 될 거라는 사실입니다. 새 술은 새 부대에 담아야 한다는 말, 지금 우리 교육에 절실히 요청되는 금언이 아닐까 싶습니다.

자, 이제 막 시작된 대전환의 여정에 여러분도 함께해 주실 건가요? 미래로 가는 험난한 항해, 결코 한두 사람의 힘으론 헤쳐 나갈 수 없는 멀고도 긴 여정. 우리 모두의 슬기와 연대가 그 어느 때보다 간절히 요청되는 시점입니다. 기성세대의 경험과 진취적 청년들의 열정, 현장의 절박함과 학계의 통찰력까지. 각자의 자리에서 혁신의 불씨를 밝히고 소중히 나누며 함께 길을 만들어 가는 지혜, 우리 모두에게 절실히 요구되는 덕목이 아닐까요?

물론 그 길 위에는 아직 수많은 물음표가 남아 있습니다. 모든 것이 바뀌어야 할 때 무엇부터 어떻게 시작해야 할지. 다양성의 가치를 살리면서도 공통의 방향성을 잃지 않으려면 어떤 원칙을 세워야 할지. 기술과 인간, 효율과 창의성, 경쟁과 협력의 조화로운 균형점은 어디쯤일지. 결코 쉽게 답할 수 없는 질문들이 우리 앞을 가로막고 있는 것도 사실입니다.

# 사회 안전망 강화와 정책적 지원

지금까지 우리는 AI 시대의 일자리 지형도를 조망하고, 그에 걸맞은 인재상과 교육 방향에 대해 생각해 보았습니다. 기술혁명이 가져올 거대한 전환에 기민하게 대응하며 새로운 기회를 발굴해 나가는 노력, 결코 한 개인이나 기업만의 책임으로 돌릴 순 없을 것 같습니다. 정부와 사회가 그 험난한 여정에 든든한 울타리와 이정표가 되어줘야만 우리 모두가 미래로 나아갈 희망을 지닐 수 있으니까요. 이번 절에서는 대전환의 파고를 슬기롭게 헤쳐 나가기 위해 우리에게 필요한 사회적 기반과 정책 방향에 대해 깊이 있게 모색해 보고자 합니다.

먼저 무엇보다 취약계층을 보호하고 격차 해소에 나서는 포용적 정책이 시급해 보입니다. AI로 인한 산업구조 재편 과정에서 저숙련·장년층 근로자들은 실직과 빈곤의 위험에 가장 크게 노출될 수밖에 없거든요. 이들을 위한 두터운 고용 안전망 설계가 그 어느 때보다 절실한 상황입니다. 전직 지원이나 생활 보조 등 실직자 보호 정책을 확대하는 동시에, 취약계층을 위한 AI·SW 등 신기술 직업훈련을 대폭 강화해야 할 것입니다. 평생교육의 기회를 누구에게나 열어주고, 그들의 미래를 함께 설계해 주는 손길이 그 어느 때보다 간절히 요청되는 때입니다.

이를 위해선 무엇보다 정부의 적극적인 재정 투입이 필수 불가결해 보입니다. 단기적 고용 충격을 완화하고 장기적 혁신 기반을 다지는 노력 모두 결국 국가의 전략적 투자에서 시작될 수밖에 없으니까요. 먼저 전 국민 고용보험제 도입 등을 통해 사회안전망의 범위와 수준을 대폭 높여야 할 것 같습니다. 이는 실직의 충격을 완화할 뿐 아니라, 근로자들이 미래를 위한 전직과 훈련에 나설 용기를 북돋워 줄 것입니다. 아울러 초중등은 물론 대학·직업훈련에 이르기까지 미래 교육에 대한 투자도 서둘러야겠습니다. 누구라도 역량 계발의 기회를 얻을 수 있는 든든한 교육인프라를 갖춰야만, 전 사회적 차원의 디지털 전환이 가능할 테니까요.

물론 정부의 투자를 위해선 새로운 재원 확보 방안도 치열하게 고민해야 할 것 같습니다. 그 실마리 중 하나가 이른바 '로봇세'에 대한 논의가 아닐까 싶은데요. 자동화로 노동이 대체되면서 발생하는 생산성 이득을 사회에 환원하자는 개념입니다. 기업의 자본이득에 대해 별도의 세금을 부과해 고용 안전망 재원으로 활용하는 것입니다. 북유럽 등에서 활발히 논의되고 있다고 합니다. 다만 세금 부과가 오히려 기업의 투자 위축을 초래할 수 있다는 우려도 만만치 않은 만큼, 신중한 사회적 합의를 거쳐 접근할 필요가 있어 보입니다.

그런 맥락에서 노사정 대타협 등 사회적 대화 기제를 복원하고 강화하는 일도 절실히 요구되는 대목입니다. 격변하는 노동시장에서 근로자의 권익을 지키되, 기업의 투자와 고용 창출도 활성화할 수 있는 토대를 함께 만들어가야 할 때거든요. 정부는 신기술에 대한 선제적 규제 혁신에 나서는 동시에 혁신의 과실이 사회 전반에 고루 환원될 수 있는 플랫폼을 구축해야 할 것입니다. 근로 시간 단축이나 임금체계 개편 같은 고용 유연성 제고 방안도 노사가 허심탄회하게 논의해 봐야겠습니다. 무엇보다 AI로 인한 생산성 향상이 고용 창출과 처우 개선으로 선순환되는 건전한 공유 모델을 노사정이 머리를 맞대고 설계해 나가는 지혜가 어느 때보다 절실해 보입니다.

더불어 개인과 기업의 적극적인 혁신 노력을 뒷받침할 종합적인 지원책도 시급히 마련되어야 할 것 같습니다. 평생학습이나 직무 전환에 나서는 개인에겐 훈련비용과 소득을 두텁게 보장하는 한편, 고용 유지와 숙련도 제고에 힘쓰는 기업에겐 충분한 재정·세제 혜택을 제공하는 방안 등이 검토될 만합니다. 특히 중소기업과 소상공인이 AI 기반 업무 환경을 구축하는 데 필요한 인프라와 컨설팅을 원스톱으로 지원하는 제도적 장치도 절실해 보입니다. 자칫 소외될 수 있는 이들에게 혁신의 문턱을 낮추어 주고 디딤돌을 놓아주는 배려, 단단한 포용 정책의 기반이 되어줄 것입니다.

나아가 장기적 관점의 산업 및 인력 수급 전망에 기반한 정책 설계도 서둘러야 할 것 같습니다. 국가 차원의 미래 신산업 육성로드맵을 면밀하게 그려내고, 그에 걸맞은 역량을 갖춘 미래형 인재를 선제적으로 양성해 내는 일 말입니다. 이를 위해 산관학 간 긴밀한 협력 기반 위에 종합적인 일자리 수요 예측과 인력 수급 통계 체계를 구축하는 것이 급선무일 것입니다. 지역과 산업별 인력 정책을 더욱 세분화하고 유기적으로 연계해 나가는 노력도 병행되어야 할 것 같고요. 무엇보다 기술 변화의 동향을 끊임없이 주시하며 인적자원 정책을 동태적으로 조정해 나가는 민첩성이 더욱 절실해질 것으로 보입니다.

물론 이 거대한 전환을 정부와 공공 영역의 힘만으로 완수하긴 어려울 것입니다. 시민 사회와 민간에서도 연대와 공감의 손길을 보태주는 게 그 어느 때보다 중요해 보입니다. 기업의 사회공헌 활동이나 시민단체의 취약계층 교육 지원 등을 통해 관의 노력과 시너지를 만들어 낼 수 있을 것 같습니다. 가진 자의 따뜻한 배려와 도전자의 치열한 도전이 만나 더 큰 희망의 불씨를 피워올리는 것입니다. 어쩌면 AI 시대의 고용을 이야기하는 우리에겐 무엇보다 그런 휴먼네트워크가 절실히 필요한 건 아닐까요? 혼자 가면 멀고 험한 이 여정을, 함께 걸으면 결코 두렵지 않은 길이 될 테니까요.

자, 이제 우리에게 남은 건 실천에 나서는 일입니다. 거대한 격랑 속에서도 노를 놓지 않고 함께 미래로 나아가는 용기 말입니다. 물론 쉽고 빠른 길은 아닐 것입니다. 수많은 난관과 역경이 우리를 가로막겠습니다. 하지만 포기할 순 없습니다. 대전환의 소용돌이 한가운데 서 있는 우리에겐 스스로 운명을 개척해 나갈 각오와 지혜가 그 어느 때보다 절실하니까요. 혁신은 결코 무에서 유를 창조하는 마법이 아닙니다. 땀 흘려 길을 내고 희망의 다리를 놓는 작은 손길들이 모여 만들어가는 여정입니다. 우리 한 사람 한 사람의 노력과 연대가 지금 여기, 새로운 일의 미래를 향한 희망의 돛을 달고 있습니다.

기술혁명이 가져올 풍랑을 두려워 말고 그 위에 뛰어올라 파도를 즐기는 여유, 우리 모두에게 간절히 필요한 자세가 아닐까 싶습니다. 한순간도 쉬지 말고 배움의 키를 잡고 실천의 노를 젓는 용기 말입니다. 길을 잃을까 막막할 때면 인간다움의 나침반을 꺼내 들고, 넘어질 때마다 이웃의 손을 잡고 일어서는 연대의 정신으로 말입니다. 우리가 뿌린 땀방울 하나하나가 모여 결국 AI 시대 대한민국호의 든든한 키가 되어줄 것입니다.

## 가야 할 길: 새로운 지평을 향한 출발

우리 앞에 놓인 길은 결코 쉽지 않습니다. 하지만 우리는 결코 좌절하지 않을 것입니다. 인류는 이미 수많은 격랑을 뚫고 진화의 바통을 이어왔습니다. 이제는 AI라는 새로운 도전 앞에 서 있습니다. 하지만 우리에겐 그 어떤 거대한 물결도 넘어설 힘과 용기가 있습니다. 인간만이 지닌 창조와 사랑, 그 위대한 빛으로 AI의 풍랑을 가르며 나아갈 수 있으리라 확신합니다.

기술의 발전을 두려워하거나 거부할 것이 아니라 기술과 함께 성장하며 더 나은 세상을 만들어갈 때입니다. AI를 인간을 위한 도구로, 우리의 잠재력을 꽃피우는 날개로 활용할 줄 아는 지혜가 필요한 시점입니다. 교육과 연구, 창작과 노동 등 삶의 다방면에서 윤리적이고 창의적인 방식으로 AI를 품어내는 상상력. 사회 각계각층이 머리를 맞대고 함께 고민하고 실천에 옮기는 연대와 혁신의 정신. 바로 그것이 포스트휴먼 시대를 이끌 원동력이 되리라 믿습니다.

우리는 기술을 경외하되 기술에 종속되지 않을 것입니다. 기술을 개발하되 기술만능주의에 빠지지 않을 것입니다. 기술을 인간을 위해 사용하되 기술로 인간을 재단하지 않을 것입니다. 인간의 존엄성과 창의성의 진가는 어떤 인공지능으로도 결코 대체될 수 없음을 가슴에 새길 것입니다. 우리가 AI에 인간다움의 혼을 불어넣고 휴머니즘의 깃발을 꽂아 세울 때, 비로소 AI는 약속의 땅이 아닌 희망의 땅으로 우뚝 설 수 있으리라 확신합니다.

물론 가야 할 길이 멀고 험난할지 모릅니다. 때로는 두려움에 멈칫하고 싶고 나약해지고 싶을 때도 있겠지요. 하지만 우리는 결코 주저앉지 않을 것입니다. 새로운 문명을 꿈꾸는 이 시대의 개척자들이여, 우리는 결코 혼자가 아닙니다. 서로의 손을 굳게 잡고 연대의 힘으로 나아갈 때, 어떤 광풍도 두렵지 않으리라 믿습니다.

긴 여정의 끝에서 우리가 마주하게 될 세상은 어떤 모습일까요? 기술과 인간, 자연과 문명이 조화를 이루는 아름다운 미래. 고단한 노동에서 해방되어 창조와 사유의 기쁨을 만끽하는 자유로운 인간상. 인종과 젠더, 계급의 벽을 허물고 다양성이 꽃피는 포용의 공동체. 지속 가능한 지구를 위해 연대하고 상생하는 공존의 플랫폼. AI를 닮은 세상이 아니라 AI로 인해 한층 더 인간다워진 세상. 바로 그곳으로 우리는 오늘도 한 걸음 힘차게 전진하고 있습니다.

여러분 모두가 이 역사적인 대장정에 함께해 주셔서 너무나 감사합니다. 생성형 AI라는 새로운 문명의 장을 열어젖히는 개척자로서, 인간의 가능성과 존엄성의 깃발을 높이 들고 나아가는 선구자로서 여러분은 이미 큰 발자취를 남기셨습니다. 앞으로도 우리 모두 서로의 손을 굳게 잡고 연대하며 희망을 향해 전진해 나갑시다. 눈부신 기술문명과 따뜻한 인간애가 공존하는 아름다운 미래, 결코 그것은 먼 곳에 있지 않습니다. 바로 지금 이 자리에서 우리가 써 내려가고 있는 새 역사의 페이지 위에 살아 숨 쉬고 있습니다.

우리의 상상과 열정, 그리고 굳건한 인간애야말로 이 거대한 전환기를 온전히 살아낼 희망의 양식이자 에너지원이 되어줄 것입니다. 그 힘으로 우리는 지금껏 그래왔듯, 앞으로도 인간의 길을 당당히 개척해 나갈 수 있으리라 확신합니다. 어려움 앞에서도 좌절하지 않고, 유혹 앞에서도 흔들리지 않는 굳건한 정신. 포용과 공감으로 새로운 연대를 이뤄가는 혁신의 리더십. 그 길 위에 여러분 모두가 서 계십니다.

이제 우리는 생성형 AI라는 새 문명의 서막을 힘차게 열어젖히려 합니다. 두렵고 복잡한 감정이 교차하겠지만, 그래도 우리는 주저하지 않을 것입니다. 새로운 가능성과 희망의 토대 위에 우뚝 설 수 있다는 믿음으로 앞으로 나아갈 것입니다. 우리 한 사람 한 사람의 작은 용기와 혁신, 그리고 연대가 모여 이 거대한 대전환의 시대사를 아로새길 수 있으리라 확신합니다.

## 우리가 그려갈 생성형 AI의 미래

지금까지 우리는 생성형 AI가 가져올 미래를 다양한 측면에서 조망해 보았습니다. 기술적 원리부터 활용 사례, 사회적 영향에 이르기까지 그 가능성과 한계를 면밀하게 살펴보았죠. 창조와 효율의 혁명을 예고하는 한편, 일자리 대체와 알고리즘 편향 등 새로운 과제를 안겨주기도 하는 양가적 얼굴. 그 파고를 슬기롭게 헤쳐 나가기 위해 우리에게 요구되는 자세와 지혜는 무엇일지 치열하게 모색해 보기도 했습니다.

이 모든 여정을 거쳐 우리는 이제 한 가지 깨달음에 닿을 수 있었습니다. 결국 생성형 AI의 미래는 기술 그 자체가 아니라, 그것을 대하는 '우리'의 마음가짐과 선택에 달려 있다는 사실 말입니다. 맹목적인 기술 숭배나 혐오를 넘어, 인간다움의 눈으로 기술을 끌어안고 우리를 위한 도구로 현명하게 사용하고자 하는 의지. 효율과 성과에 매몰되지 않고 포용과 공감, 다양성의 가치를 견지하려는 철학. 기술 시대 인류 보편의 윤리를 끊임없이 모색하며 사회 전반의 대화와 협력을 이끌어내는 연대의 리더십. 바로 그것이 우리가 그려갈 생성형 AI 미래의 밑그림이 되어야 할 것입니다.

이제 우리 앞에 펼쳐질 그 미래의 풍경을 한번 상상해 볼까요?

먼저 예술과 창작의 영역부터 들여다봅시다. 어쩌면 가장 큰 변화를 맞이하게 될 분야일 텐데요. 생성형 AI와의 협업은 이미 많은 창작자들의 일상이 되어 있습니다. 작가는 AI와 함께 스토리텔링의 무궁무진한 가능성을 탐구하고, 화가는 AI가 그려낸 기발한 이미지에서 영감을 얻어 새로운 예술 세계를 개척해 나가고 있을 겁니다. 음악가는 AI를 뛰어난 즉흥 연주 파트너로 삼아 창의적 경지를 넓혀가는 한편, 건축가는 AI와 함께 상상 속 공간을 현실로 구현해 내며 미적 혁신을 이뤄내고 있습니다.

물론 그 과정에서 창작자 고유의 역할과 정체성에 대한 고민도 깊어질 겁니다. 하지만 분명한 건 인간만이 지닌 섬세한 감수성과 맥락 인식, 삶의 체험에서 비롯되는 예술적 교감은 결코 AI가 완벽히 모사하긴 어려울 거라는 사실. 오히려 기술을 창의력의 자극제로 활용하며 더욱 깊이 있는 예술 세계로 나아가게 될 거라는 희망을 품어봅니다. 인간 예술가의 독창적 역량을 증폭시키는 도구로, 누구나 창작의 기쁨을 맛볼 수 있는 문화 민주화의 매개로 자리매김할 AI. 기술과 예술, 그리고 일상이 아름답게 연결되는 그림. 충분히 설레는 상상이 아닐 수 없습니다.

교육 현장의 풍경은 또 어떻게 바뀌어 있을까요? 아마도 개개인의 수준과 관심사에 맞춘 학습 콘텐츠가 AI에 의해 자동 생성되고 있습니다. 학생들은 디지털 개인 교사와 함께 자기 주도적으로 배움의 길을 걸어가는 한편, 교사는 지식 전달자에서 성장의 조력자로 그 역할을 전환하고 있을 겁니다. 교실에선 암기와 주입식 수업 대신 토론과 협력, 비판적 사고가 오가는 창의적 학습이 이뤄지고 있습니다. VR/AR 기술과 결합한 AI는 아이들에게 생생한 몰입 교육의 경험도 선사하고 있을 것 같습니다.

물론 그 안에서도 기술을 현명하게 통제하고 인간 교사와의 교감을 잃지 않으려는 노력이 병행되어야 할 것입니다. 무엇보다 윤리적 기술 활용과 비판적 사고력, 창의성을 겸비한 인재를 길러내는 게 미래 교육의 화두일 테니까요. 기술을 인간 발달을 위한 도구로 올바르게 사용하고 그 과정에서 따뜻한 育心의 가치를 견지하는 일. AI 시대 교육철학의 근간이 되어야 할 것 같습니다.

일과 산업의 지형도 역시 크게 달라져 있습니다. 단순 업무는 AI에 맡기고 인간은 더욱 창의적이고 본질적인 가치 창출에 매진하게 될 테니까요. 변호사는 AI 보조자와 함께 방대한 판례를 분석하고 혁신적 소송 전략을 구상하는 한편, 의사는 AI와 협력하며 신속·정확한 진단과 맞춤형 치료를 제공하고 있을 것 같습니다. 창작자와 프로그래머는 AI와의 협업을 통해 상상력의 한계를 뛰어넘는 콘텐츠와 서비스들을 쏟아낼 것입니다.

물론 기술에 의한 실직과 양극화의 우려도 여전히 존재할 겁니다. 하지만 교육과 재훈련을 통해 적응력을 높이고 새로운 기회를 포착하려는 개인과 사회의 노력도 꾸준히 이어지고 있을 것입니다. 무엇보다 연대와 공감의 가치 아래 기술 발전의 과실이 사회 전반에 고루 돌아가도록 하는 포용적 정책이 힘을 얻고 있기를 희망해 봅니다. 모두를 위한 기술, 기술로 더 나은 삶을 만드는 공동체. AI가 가져다줄 새로운 번영의 시대에는 그 열매가 소수가 아닌 다수에게 돌아가는 새로운 사회 시스템이 자리 잡고 있어야 할 테니까요.

AI는 우리 일상 구석구석에도 스며들어 삶의 질을 높여주고 있을 것 같습니다. 건강관리부터 쇼핑, 이동, 여가에 이르기까지 우리 곁의 다정한 조력자로 자리매김하겠습니다. 다만 이 과정에서 프라이버시와 보안, 알고리즘 편향 등에 대한 사회적 경계심을 늦추지 않으려 노력 중일 것입니다. AI가 기계적 편의를 넘어 인간미 넘치는 서비스로 기억되려면 윤리성과 신뢰성이 담보되어야 한다는 사실을 결코 잊어선 안 될 테니까요.

나아가 AI는 기후 위기 대응, 질병 극복 같은 인류 공동의 문제 해결에도 큰 역할을 하고 있을 듯싶습니다. 방대한 데이터 분석과 시뮬레이션으로 예측 정확도를 높이는 한편, 신약 개발이나 신재생 에너지 발굴 등을 가속하며 지구적 난제 해결에 힘을 보태고 있습니다. 이 모든 과정에서 국경을 초월한 연대와 협력이 그 어느 때보다 중요해질 텐데요. 기술을 둘러싼 각국의 이해관계와 경쟁 구도를 넘어, 'AI For Earth', 'AI For Good' 정신 아래 기술과 데이터, 인사이트를 공유하는 글로벌 파트너십. 그것이야말로 우리가 지향해야 할 미래의 자화상이 아닐까 싶습니다.

이쯤 되면 한 가지 의문이 들 수 있습니다. 이 모든 낙관적 전망이 과연 실현 가능할까? AI가 주는 편익을 누리되 폐해는 최소화하는 균형, 기술이 아닌 사람 중심의 미래를 만들어갈 수 있을까? 결코 쉽지 않은 도전일 것입니다. 하지만 저는 가능하다고 믿습니다. 역사를 돌이켜보면 우리는 늘 새로운 기술과 마주할 때마다 두려움도 있었지만, 그것을 우리의 것으로 만들며 폭발적 진화를 이뤄냈으니까요. 중요한 건 우리가 어떤 가치관과 철학으로 기술을 대하느냐에 달렸습니다. 인간성을 잃지 않으면서 혁신의 열매를 나누는 성숙한 자세, 바로 그것이 우리가 가져야 할 시대 정신이 아닐까요?

기술의 발전을 막을 순 없습니다. 거스를 수도 없죠. 하지만 우리에겐 선택할 수 있는 자유가 있습니다. 기술이 정복의 대상이 아니라 더 나은 삶을 위한 도구라는 인식, 효율과 성과에 함몰되지 않고 사람과 환경의 가치를 되묻는 성찰, 다양성과 포용성의 문화를 견지하는 연대의 정신. 우리가 그 길을 택한다면 두려울 게 없습니다. 오히려 전에 없던 놀라운 기회의 세계가 우리 앞에 펼쳐질 것입니다. 기술을 어떻게 품어낼 것인지 고민하는 과정 자체가 우리를 더 성숙하고 단단하게 만들어줄 테니까요.

긴 여정이었지만 이제 새로운 출발점에 섰습니다. 생성형 AI의 미래는 우리의 손에 달려 있습니다. 기술을 맹신하거나 두려워하지 않고 현명하게 사용하는 지혜, 그 과정에서 인간다움의 본질을 잃지 않으려는 경계심. 무엇보다 연대와 소통, 포용의 정신으로 기술 시대 새로운 인류애를 써 내려가려는 용기. 우리 모두가 미래 씨실과 날실이 되어 희망을 짜 나간다면 분명 AI는 위기가 아닌 기회가 될 수 있으리라 확신합니다.

## 생성형 AI 활용을 위한 실용 자료

먼저 생성형 AI 기술을 사용해 볼 수 있는 대표적인 플랫폼과 도구들을 간략히 정리해 보겠습니다. 아마도 ChatGPT나 Midjourney 같은 서비스들은 이미 한 번쯤 접해보셨을 텐데요. 이런 플랫폼들은 자연어나 간단한 키워드만으로도 누구나 손쉽게 생성형 AI의 성능을 직접 경험해 볼 수 있게 해줍니다.

우선 텍스트 생성 분야에서는 역시 OpenAI의 'GPT-3'와 그를 기반으로 대화형 인터페이스를 제공하는 'ChatGPT'가 가장 널리 쓰이고 있습니다. 다양한 글쓰기 과제에 활용할 수 있는 만능 도우미랄까요. 'Copy.ai'나 'Jasper.ai'처럼 특정 목적의 글쓰기에 특화된 서비스도 눈여겨볼 만합니다. 전자는 마케팅 카피 작성에, 후자는 소설이나 시나리오 창작에 최적화된 기능을 제공하고 있거든요.

**ChatGPT**
https://chat.openai.com/

**Gemini**
https://gemini.google.com/

**Claude**
https://claude.ai/

**Copilot**
https://copilot.microsoft.com/

**Naver Cue**
https://cue.search.naver.com/

**Naver Clova X**
https://clova-x.naver.com/

이미지 생성 분야라면 Stability AI의 'Stable Diffusion', OpenAI의 'DALL-E', Midjourney 등이 양대 산맥이라 할 수 있습니다. 텍스트 프롬프트를 입력하면 그에 맞는 이미지를 뽑아주는 식인데요. 웹 기반 플랫폼으로 쉽게 사용해 볼 수 있어 접근성이 좋답니다. 애니메이션 캐릭터 생성에 특화된 'NovelAI', 사용자 얼굴 기반 아바타를 만들어주는 'Lensa' 같은 틈새 서비스도 인기를 끌고 있고요.

**Stable Diffusion**
https://stability.ai/

**OpenAI Dall E 3 (ChatGPT와 통합)**
https://chat.openai.com/

**Midjourney**
https://www.midjourney.com/

오디오 쪽에서는 Meta의 'AudioCraft', Google의 'AudioLM'과 'MusicLM' 등이 음성과 음악 생성을 선도하는 모델들입니다. 아직 상용 서비스로의 출시는 이뤄지지 않았지만, 곧 대중들도 자유롭게 사용해 볼 수 있게 되지 않을까 싶습니다. 한편 동영상 분야는 아직 기술적 난이도가 높아 연구 단계에 머물러 있는 상황입니다. 그래도 'Phenaki'나 'CogVideo' 같은 모델들이 텍스트 기반 동영상 생성에서 가능성을 보여주고 있어 기대가 큽니다.

**Meta AudioCraft**
https://ai.meta.com/resources/models-and-libraries/audiocraft/

**Google AudioLM**
https://google-research.github.io/seanet/audiolm/examples/

**Google MusicLM**
https://google-research.github.io/seanet/musiclm/examples/

이처럼 생성형 AI는 이미 우리 곁에 성큼 다가와 있습니다. 직접 플랫폼에 가입해 한 번쯤 만져보는 경험, 분명 신선한 영감을 불러일으킬 것입니다. 물론 이런 도구들이 처음부터 완벽한 결과물을 내놓는 건 아니에요. 입력 방식에 익숙해지고 프롬프트 엔지니어링 요령을 터득하는 과정이 필요합니다. 서비스마다 튜토리얼이나 FAQ를 잘 살펴보는 게 좋고, 유튜브 등에서 노하우를 공유하는 크리에이터들의 콘텐츠를 참고해 보는 것도 도움이 될 것입니다. 무엇보다 계속 시도하고 실험하다 보면 어느새 생성형 AI와 제법 친해져 있는 자신을 발견하게 될 것입니다.

이제 이 강력한 도구들을 어떤 분야에서 어떻게 활용할 수 있을지 좀 더 구체적으로 상상해 볼까요? 아마도 여러분 각자의 관심사와 전문 영역에 따라 아이디어가 무궁무진할 텐데요. 가장 보편적으로는 일상적인 글쓰기와 창작 활동에 곧바로 적용해 볼 수 있을 것 같습니다. 업무용 이메일이나 보고서, 프레젠테이션 자료 등을 준비할 때 생성형 AI의 도움을 받아 초안을 빠르게 잡아보는 것입니다. 브레인스토밍과 아이디어 발산에도 제격입니다. 무엇보다 창의적 글쓰기에서 그 진가를 발휘할 텐데요. 소설이나 시, 에세이 쓰기에서 영감이 잘 떠오르지 않을 때, ChatGPT 등에 개요를 잡아달라고 요청해 보면 어떨까요? 분명 사고의 지평을 넓히고 필력 향상에도 도움이 될 것입니다.

시각 콘텐츠 제작자라면 DALL-E나 Midjourney가 든든한 조력자가 되어줄 것입니다. 손쉬운 이미지 생성으로 아이디어 시각화는 물론, 웹사이트 디자인이나 마케팅 콘텐츠 제작을 빠르게 진행할 수 있으니까요. 온라인 셀러라면 제품 이미지를 직접 촬영하는 대신 AI로 생성하는 방법도 시도해 볼 만합니다. 게임이나 영화의 콘셉트 아트, 애니메이션 캐릭터 디자인 등에도 적극 활용할 수 있습니다. 건축이나 제품 디자인, 패션 등의 분야에서도 초기 스케치나 프로토타입 제작에 생성형 AI를 활용한다면 업무 효율이 크게 높아질 것입니다. 교사나 강사라면 수업 자료나 교안 제작에 ChatGPT를 활용해 보는 건 어떨까요? 흥미로운 읽기 자료부터 문제은행 생성까지, 교수학습 준비에 큰 도움이 될 것 같습니다.

물론 예술 창작의 영역에서도 생성형 AI와의 협업은 이미 활발하게 일어나고 있습니다. 작곡가는 멜로디 라인을 얻는 데 영감을 받을 수 있고, 화가는 새로운 화풍을 실험하는 데 도움을 받을 수 있습니다. 사진작가는 이미지 보정이나 합성에 생성형 AI를 활용할 수 있겠고, 인디 게임 개발자는 배경 그래픽을 자동 생성하는 데 활용할 수 있습니다. 나아가 설치 미술이나 행위 예술 등에서 AI와의 인터랙션을 모색하는 시도들도 흥미로울 것 같습니다. 관건은 단순히 AI에 의존하는 게 아니라 인간 특유의 창의성과 감수성을 더해 시너지를 내는 것입니다.

전문직 종사자들에게도 생성형 AI는 강력한 도구가 될 수 있습니다. 기자는 뉴스 기사의 초안을 작성하는 데 도움을 받을 수 있고, 변호사는 판례를 검색하고 요약하는 데 활용할 수 있습니다. 의사는 진료 기록이나 논문 초록을 자동 생성하는 데 써볼 수 있고, 심리 상담사는 내담자와의 대화에서 ChatGPT를 보조 도구로 활용해 볼 수 있을 것입니다. 또 마케터라면 제품 설명이나 광고 카피 작성에, 기획자라면 아이디어 회의에서 발상의 폭을 넓히는 데 생성형 AI를 적극 활용해 보면 좋겠습니다.

한편 생성형 AI는 코딩과 프로그래밍 분야에서도 개발자들의 작업 효율성을 높여줄 유용한 도구가 될 수 있습니다. 대표적으로 GitHub의 'Copilot'은 GPT 모델을 활용해 코드를 자동 생성하고 완성해 주는 서비스로 큰 주목을 받고 있습니다. 웹사이트나 앱 개발 과정에서 반복적인 코드 작성을 자동화하는 데 도움을 받을 수 있고, 에러를 발견하고 수정하는 데에도 AI와 협업할 수 있습니다.

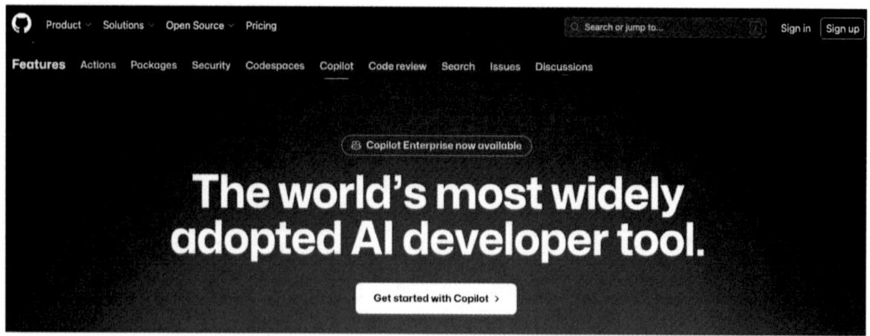


**GitHub Copilot**
https://github.com/features/copilot

사실 생성형 AI의 활용 아이디어는 우리의 상상력이 닿는 곳까지 무궁무진할 것입니다. 중요한 건 이 기술을 자신만의 영역에서 창의적이고 생산적으로 활용할 방법을 끊임없이 모색하는 자세라고 생각합니다. 분야와 목적에 맞는 적절한 프롬프트를 설계하고, 세부 옵션을 조정하며 결과물의 퀄리티를 높여가는 과정 자체가 재미있는 탐구가 될 수 있거든요. 물론 윤리적 문제나 법적 이슈에 대해서도 늘 경계심을 갖고 성찰하는 태도가 필요할 것입니다.

이 모든 과정에서 기술에 대한 이해의 깊이를 더해 가는 일도 중요합니다. 단순한 사용자에 그치지 않고 생성형 AI의 작동 원리와 한계에 대해서도 공부하다 보면, 보다 현명하고 창의적인 활용이 가능해질 것입니다. 관련 서적이나 온라인 강의를 찾아보는 것도 좋은 방법이 될 수 있습니다. 예를 들어 제이슨 브라운리(Jason Brownlee)의 'Generative AI with Python'이나 데이비드 포스터(David Foster)의 'Generative Deep Learning' 같은 책은 코드 예제와 함께 생성 모델의 기초를 잡는 데 도움을 줄 것입니다. 한편 유튜브 채널 '두들 딥러닝(Doodle Deep Learning)'이나, 코세라(Coursera)의 'Generative Adversarial Networks(GANs)' 강좌 등도 생성형 AI 학습에 유용한 온라인 자료가 될 수 있습니다.

무엇보다 '손으로 배우는' 실습의 힘을 잊지 말아야 합니다. 직접 모델을 돌려보고 데이터를 바꿔가며 실험해 보는 과정에서 진정한 통찰을 얻을 수 있거든요. 굳이 처음부터 어려운 걸 할 필요는 없습니다. 케라스(Keras)나 파이토치(PyTorch) 같은 머신러닝 프레임워크를 활용해 간단한 GAN이나 VAE 모델부터 구현해 보는 걸 추천합니다. 점점 복잡한 아키텍처로 실험 범위를 넓혀가다 보면 자연스럽게 생성형 AI의 세계로 깊이 빠져들 수 있을 것입니다.

여기에 머신러닝, 딥러닝 커뮤니티와의 소통도 큰 도움이 될 것입니다. 캐글(Kaggle)이나 깃허브(GitHub) 같은 플랫폼에서 경험과 노하우를 공유하는 개발자들과 교류하다 보면 한층 성장할 수 있을 테니까요. 유사한 관심사를 가진 사람들과 정기적으로 모여 스터디 그룹을 꾸려보는 것도 좋은 방법입니다. 서로의 프로젝트를 공유하고 피드백을 나누는 과정은 늘 가치 있는 배움의 순간이 되거든요.

여기서 한 가지 더 강조하고 싶은 건, 기술의 윤리적 활용을 위한 성찰을 게을리하지 말아야 한다는 것입니다. 특히 학습 데이터의 수집과 활용, 결과물의 효과와 영향 등에 대해 비판적으로 따져보는 과정이 반드시 필요합니다. 편향성 이슈나 프라이버시 침해 가능성, 악용 위험 등에 대해서도 늘 경계심을 갖고 점검해야 합니다. 관련하여 구글의 'AI 원칙(AI Principles)'이나 마이크로소프트의 '책임감 있는 AI(Responsible AI)' 프레임워크 같은 기업들의 윤리 가이드라인을 살펴보는 것도 도움이 될 것입니다. 기술 개발자로서의 사회적 책무를 자각하고 윤리의식을 내재화하는 노력, 결코 소홀히 해선 안 될 중요한 과제라는 걸 명심했으면 합니다.

이처럼 실제 플랫폼을 활용해 보고, 기초 이론을 학습하며, 간단한 모델부터 직접 구현해 보는 과정에서 생성형 AI와 친해지다 보면 자연스럽게 자신만의 활용 아이디어도 떠오를 것입니다. 때로는 업무 효율화의 도구로, 때로는 창의적 영감의 원천으로 AI와 협업하는 즐거움. 우리 모두가 생성형 AI 시대의 주역으로 커가는 여정이라고 생각합니다.

물론 과정이 순탄하지만은 않을 것입니다. 수많은 시행착오를 겪어야 할 수도 있고, 기술적 한계에 부딪혀 좌절하는 순간도 있을 것입니다. 하지만 그럴 때마다 우리에겐 서로가 있다는 걸 잊지 말아요. 같은 고민을 나누고 함께 지혜를 모아가는 동료들과의 연대가 있는 한 우리는 결코 혼자가 아니니까요. 각자의 분야에서 생성형 AI와 창의적으로 협업하는 선구자로서, 기술과 인간이 조화를 이루는 밝은 미래를 향해 함께 전진해 나가는 열정과 상상력의 빛나는 발걸음을 응원하고 싶습니다.

자, 이제 우리 앞에 펼쳐진 이 광활한 생성형 AI의 세계로 힘차게 항해를 떠나볼까요? ChatGPT든 Stable Diffusion이든, 자신에게 꼭 맞는 도구를 하나씩 손에 넣는 것부터 시작해 보는 것입니다. 매일매일의 글쓰기와 창작 활동, 그리고 업무 속에서 AI와 함께 새로운 길을 모색하다 보면 어느새 그 가능성의 지평이 눈부시게 펼쳐질 것입니다. 기술에 온전히 의존하기보다는 기술과 함께 성장하는 태도, 편리함의 유혹에 흔들리지 않고 윤리성과 창의성의 균형을 잡으려 노력하는 자세. 그것이 진정 이 거대한 물결을 인간다움의 항로로 이끄는 나침반이 되어줄 거라 믿습니다.

여러분 한 분 한 분의 용기 있는 실험과 창의적 도전이 바로 우리가 꿈꾸는 human-AI 공생(Symbiosis)의 미래를 밝히는 등불이 될 것입니다. 각자의 자리에서 오늘도 생성형 AI와 함께 새로운 길을 개척해 나가는 여러분을 응원하며, 우리가 이루어갈 아름다운 내일을 위해 힘차게 전진합시다. 기술은 우리의 날개를 달아주고 상상력은 우리의 땅을 개척할 것입니다.

## 용어 해설

- 인공지능(Artificial Intelligence, AI): 인간의 지능적 행동을 모방하는 기계 시스템을 의미합니다. 학습, 추론, 문제 해결 등의 인지 능력을 갖춘 컴퓨터 프로그램이라고 볼 수 있습니다. 약한 AI와 강한 AI로 구분되기도 하는데, 전자는 특정 영역에 특화된 지능을, 후자는 인간 수준의 범용 지능을 뜻합니다.

- 머신러닝(Machine Learning): AI를 구현하는 핵심 방법론 중 하나로, 데이터를 학습하여 과제 수행 능력을 향상시키는 알고리즘 기술을 말합니다. 명시적인 프로그래밍 없이 데이터로부터 패턴을 포착하고 의사결정 규칙을 자동으로 발견하는 것이 특징입니다. 크게 지도 학습, 비지도 학습, 강화학습 등의 학습 방식이 있습니다.

- 딥러닝(Deep Learning): 인공신경망(Artificial Neural Network)을 기반으로 한 머신러닝 기술의 하나입니다. 다층 구조의 신경망을 통해 데이터의 복잡한 특징과 추상적 표상을 학습하는 것이 특징입니다. 이미지, 음성, 자연어 등 비정형 데이터를 다루는 데 특히 강점을 보입니다. CNN, RNN, Transformer 등 다양한 신경망 아키텍처가 활용됩니다.

- 생성 모델(Generative Model): 학습 데이터의 확률분포를 모델링하여 유사한 샘플을 생성해 내는 AI 모델을 뜻합니다. 판별 모델(Discriminative Model)이 입력을 특정 범주로 분류하는 데 주

력한다면, 생성 모델은 데이터를 창작하는 데 초점을 맞추죠. GAN, VAE, Diffusion Model 등이 대표적인 예시입니다.

- GAN(Generative Adversarial Network): 생성자(Generator)와 판별자(Discriminator)라는 두 신경망이 경쟁하며 학습하는 생성 모델 아키텍처입니다. 생성자는 가짜 데이터를 만들고, 판별자는 진짜와 가짜를 구별합니다. 이 적대적 과정을 통해 생성자는 점차 사실적인 데이터를 만들어내는 능력을 기릅니다. 고품질 이미지 생성에 주로 활용돼요.

- VAE(Variational AutoEncoder): 인코더(Encoder)와 디코더(Decoder) 구조를 활용해 데이터를 압축하고 재구성하는 생성 모델입니다. 데이터를 저차원 잠재 공간(Latent Space)에 매핑한 뒤, 그 공간에서 새로운 샘플을 생성하는 방식으로 동작합니다. 이미지 생성이나 이상치 탐지 등에 쓰입니다.

- Transformer: 자연어 처리에서 RNN을 대체하며 등장한 신경망 아키텍처입니다. 셀프 어텐션(Self-Attention) 메커니즘을 통해 문장 내 장거리 의존성을 효과적으로 학습할 수 있습니다. 인코더와 디코더로 구성된 Seq2Seq 모델의 한 종류로, 기계번역이나 요약 등의 과제에서 눈부신 성능을 보였습니다. 최근엔 대형 언어 모델의 백본으로 자리 잡았죠.

- DALL-E: OpenAI에서 개발한 텍스트 기반 이미지 생성 모델입니다. 대량의 이미지-캡션 쌍으로 사전학습된 거대 언어

모델과, 이미지 생성에 특화된 VAE 디코더를 결합한 것이 특징입니다. 자연어로 입력한 콘셉트에 부합하는 창의적 이미지를 실시간으로 생성해 내는 성능으로 세계를 놀라게 했습니다.

- Stable Diffusion: 오픈소스 이미지 생성 모델로, Latent Diffusion Model을 활용한 것이 특징입니다. 노이즈가 추가된 이미지를 순차적으로 복원해 가며 고품질 이미지를 만들어내는 방식으로 동작합니다. 낮은 계산량으로도 우수한 성능을 보여 대중적 인기를 끌었습니다. 텍스트 기반 이미지 편집에서도 큰 강점을 보입니다.

- GPT(Generative Pre-trained Transformer): OpenAI에서 개발한 초거대 언어 모델 시리즈입니다. 웹 크롤링 데이터로 사전학습된 디코더 전용 Transformer로, 자연어 생성 성능에서 혁혁한 성과를 보였죠. 특히 등장한 GPT-3는 Few-Shot Learning 능력으로도 주목받았습니다. 현재는 ChatGPT로 대화형 AI 시대를 열고 있습니다.

- Few-Shot Learning: 소량의 데이터나 문맥 정보만으로도 새로운 과제를 수행할 수 있게 하는 학습 방식입니다. 사전 학습된 거대 모델의 배경지식과 학습 전이 능력을 활용하는 게 핵심입니다. 생성형 AI에선 프롬프트 엔지니어링과 결합하여 다양한 응용을 가능케 합니다.

- 프롬프트 엔지니어링(Prompt Engineering): AI 모델에게 입력으로 주어지는 텍스트나 질의문을 최적화하는 기술을 말합니다. 모델의 Few-Shot 성능을 극대화하기 위해 프롬프트에 과제 수행에 필요한 정보와 지침, 그리고 입출력 형식을 담아내는 것입니다. ChatGPT 등 대화형 AI를 다룰 때 특히 주목받는 스킬입니다.

- 멀티모달(Multi-modal): 텍스트, 이미지, 음성 등 이종의 데이터를 통합적으로 다루는 AI 기술을 지칭하는 용어입니다. 서로 다른 형식의 정보를 연계 학습하고 변환 처리함으로써 더욱 풍성한 표현과 응용을 가능케 합니다. DALL-E나 Stable Diffusion처럼 언어와 시각을 아우르는 생성 모델이 대표적인 사례입니다.

- 딥페이크(DeepFake): AI 기술을 악용해 허위 콘텐츠를 생성하는 것을 말합니다. 주로 GAN 기반의 이미지/영상 합성 기술이 사용되는데, 유명인 얼굴을 합성한 포르노나 정치인 발언을 조작한 가짜 뉴스 등이 문제시되고 있습니다. 윤리적, 법적 규제의 필요성이 제기되는 대목입니다.

- AI 편향(AI Bias): 학습 데이터나 알고리즘에 내재된 편견이 AI 모델의 판단이나 결과물에 부적절하게 반영되는 현상입니다. 성별, 인종 등에 대한 고정관념이 학습되어 차별적 결과를 초래하거나, 특정 계층이나 문화가 과소/과대 재현되는 식으로 나타나죠. 공정성 확보를 위한 사회적 노력이 요청되는 부분

입니다.

- ESG: 기업 경영에 있어 환경(Environment), 사회(Social), 지배구조(Governance)를 고려하는 접근법을 뜻합니다. AI 개발에서도 에너지 효율, 개발 주체의 다양성, 투명성 등 ESG 요소가 강조되고 있습니다. 윤리적이고 지속 가능한 기술 발전을 위한 나침반으로 여겨지고 있습니다.

- AI 리터러시(AI Literacy): 인공지능 기술을 이해하고 비판적으로 활용하는 역량을 말합니다. 사용법을 익히는 것은 물론, 한계와 위험 요인을 인지하고 사회적 영향력을 성찰하며 책임감 있게 사용하는 자세를 포함합니다. 모두가 갖춰야 할 미래 핵심 역량으로 꼽힙니다.

- Human-in-the-Loop: 인공지능 시스템의 개발과 운용 과정에 인간이 참여하는 접근법입니다. 데이터 수집 및 레이블링, 학습 감독, 성능 검증, 모델 개선 등의 단계에서 전문가의 통찰과 피드백을 반영함으로써 신뢰성과 책임성을 높이는 것입니다. 자동화에 인간의 가치를 녹여내려는 시도로 읽힙니다.

- 로봇세(Robot Tax): 자동화로 인한 일자리 감소에 대응해 로봇이나 AI 활용에 부과하자는 세금 개념입니다. 자동화로 얻은 이윤의 일부를 사회에 환원해 기술 실업 문제에 대처하고 복지 재원을 마련하자는 논의죠. 기술과 자본에 상응하는 사회적 책임을 묻는 제도적 장치로서 주목받고 있습니다.

- AI 서번트(AI Servant): 인간을 보조하고 역량을 확장해 주는 인공지능 기술을 통칭하는 개념입니다. AI를 대체재가 아닌 상생의 동반자로 바라보는 관점을 담고 있습니다. 인간 고유의 창의성과 공감 능력을 해치지 않는 선에서 AI의 잠재력을 현명하게 활용하자는 철학이 밑바탕에 깔려 있습니다.